编委会

主　编：

虞富莲　吴　涯　邓少春

副主编：

李　强　陈世辉　石凤高

编　委：

杨绍巍　秦嘉学　罗成英

第一作者简介

　　虞富莲　　1939年生。中国农业科学院茶叶研究所研究员。从事茶树育种和种质资源研究。曾任育种研究室主任、全国农作物品种审定委员会委员、中国农学会遗传资源分会理事等。主持原科技部和农业部多个项目研究。先后获国家科技进步二等奖1项、农业部科技进步二等奖1项、三等奖3项。编著中国第一部古茶树专著《中国古茶树》,合编《中国茶树品种志》《中国茶经》《中国茶叶大词典》《中国农作物遗传资源》《中国北方茶树栽培与茶叶加工》等三十余部。享受国务院政府特殊津贴。获颁庆祝中华人民共和国成立70周年纪念章。

前 ———— 言
PREFACE

    云南省双江拉祜族佤族布朗族傣族自治县（以下简称双江自治县）是盛产滇红茶、普洱茶的云南著名茶区之一。勐库茶，香气浓爽，滋味醇厚，素有"香飘千里外，味酽一杯中"的美誉。1793年清·乾隆将勐库茶作为贡品，三次礼赠英国国王；1972年，英国伊丽莎白女王在与周恩来总理会见时，一次就订了5吨勐库红茶。由此可见勐库茶的魅力。

    大凡产于双江自治县的大叶茶业界统称为"勐库大叶茶"。勐库大叶茶1985年被认定为国家品种（编号GS13012—1985）。同年《中国茶叶》第2期登载虞富莲"'云大'正宗勐库大叶茶"一文。文章发表后，旁征博引者甚多，提问者也不乏。云南茶树品种资源丰富，仅是泛称的"云南大叶种"就有几十个，缘何将勐库大叶茶作为"云大正宗"？是否情有独钟？笔者认为，这要从它的历史沿革、生长环境、特征特性、品质特点、对茶产业的贡献说起。为解惑答疑，本书围绕诸项问题，对勐库大叶茶作一深度解读，以飨读者。

虞富莲　吴涯

2023年8月

目 ——— 录
CONTENTS

第
一
章

双
江
概
况

　　双江自治县位于云南省西南部，地处99°35′15″~100°09′30″E，
23°11′58″~23°48′50″N。北回归线（23°28′N）横贯县境中部，是"太阳转身的地
方"。县域南北长64.2km，东西宽57.9km，土地面积2157km²，属临沧市管辖。
东与景谷傣族彝族自治县隔江相望，南以澜沧江、小黑江为界与澜沧拉祜族自治
县、沧源佤族自治县相邻，西连耿马傣族佤族自治县，北接临沧市临翔区。2023
年，全县辖勐勐镇、勐库镇、沙河乡、大文乡、忙糯乡、邦丙乡2镇4乡、3个社
区及勐库华侨管理区、双江农场管理区。常住人口16.4万多人。

第一节

社会经济

一、历史沿革

公元一世纪中叶以前，县境为傣族古国"勐达光"（"哀牢国"）属地。69年"勐达光"归附汉朝，其地设永昌郡。738年"勐舍"（巍山盆地）的傣族入主洱海盆地建立"勐舍龙"（"南诏国"）。762年，"勐舍龙"仿唐朝建制在"勐掌"（保山盆地）设置永昌节度，统一领辖澜沧江以西领域，双江境乃归永昌节度。937年前"勐舍龙"汉裔官员段思平率部入主洱海盆地建大理国，沿袭"勐舍龙"旧制在"勐掌"设永昌节度，到1096年大理国废除节度、都督等辖区，设八府、四郡、四镇。今双江县境先属永昌节度，后属永昌府。1715年，勐勐傣族土官向清朝进贡，其地设勐勐（土）巡检司，划属永昌府。

1931年，双江划分的中区、东区、南区、西区、北区，分别改为一区、二区、三区、四区、五区；1940年将5个区调整为2镇4乡，即勐库镇、永定镇和云山乡、得胜乡、复兴乡、文祥乡。

中华人民共和国成立后，1950年双江属于保山专区。全县划分为太平区、勐库区和39个乡。1985年，双江正式定名为双江拉祜族佤族布朗族傣族自治县。

二、农业经济

刀耕火种农业和迁徙式农业是云南早期少数民族地区典型的农耕特征。双江自治县有23个民族，更具有这种特点，所以历史上双江"以农立国"，经济十分落后。粮食作物以水稻、玉米、小麦等为主，主要经济作物有茶叶、甘蔗、核桃、烟草等以及不成规模的畜禽养殖。"十三五"以来，经济得到了长足发展，2022年，全县生产总值达76.03亿元。

三、茶叶生产

茶叶是双江自治县的主要经济支柱之一，在国民经济中占有十分重要的地位。2022年，全县茶园总面积有32.15万亩（亩为非法定计量单位，1亩≈666.67m²），主产晒青茶和滇红茶。年毛茶产量1.46万吨，茶叶农业产值24.29亿元，占全县生产总值的32%。全县涉茶农户3.6万户，茶农茶叶人均收入8300元。2020年中国茶叶流通协会授予双江全国茶产业百强县、全国茶叶品牌建设十强县、全省茶产业十强县。勐库镇冰岛村建成全国"一村一品"茶叶专业示范村，勐库华侨管理区3800亩茶园被誉为"秀美茶园"。

第二节　自然地理

一、地形地貌特征

　　双江自治县地处怒山横断山脉南部帚形折度区，因山脉切割影响，地形起伏大，山高谷深，溪河纵横，地势西北高，东南低。横亘在县西北部与耿马傣族佤族自治县交界的邦马大雪山最高点海拔3233m，最低处是东南部的大文乡邦驮村双江渡口，海拔669m，相对高差2564m，比西双版纳的勐海县滑竹梁子海拔2429m、南果河和南览河交汇处海拔535m，高差1894m还要多670m。县境东部和东南部是马鞍山，最高海拔约2800m。全县地貌分深切中山河谷台地、河谷盆地和"V"形中山峡谷三种类型。东部有澜沧江环绕，南部有小黑江横贯，中部有南勐河纵流，全境形成"两江环半壁，两山夹一河，一河带两坝"的特殊地貌特征。"双江"也因澜沧江、小黑江在县东南合流而名。

澜沧江与小黑江合流

二、气候条件

据位于海拔1043.3m的双江自治县气象站20年的气象资料，其主要气象要素如表1。

表1　双江县地面气象要素[*]

月	1	2	3	4	5	6	7	8	9	10	11	12	全年
平均温度℃	12.5	14.7	18.3	21.1	23.4	24.0	23.7	23.4	22.7	20.5	16.3	12.8	19.5
降雨量mm	18.0	13.5	16.7	35.4	87.2	142.1	201.6	201.6	122.0	102.2	55.8	22.1	1018.4
相对湿度%	73	66	61	63	69	79	83	83	83	84	82	79	75
蒸发量mm	165.1	210.2	286.6	281.0	268.3	195.1	162.5	155.7	161.8	140.7	128.4	131.5	2288.8
日照时数	232.7	228.7	243.4	213.7	208.8	130.1	107.3	134.1	161.6	157.2	181.2	231.4	2195.6

注：年极端最高气温38.1℃，极端最低温度 −2.1℃，无霜期353天。

[*]引自《云南气候图册》。

据气象资料分析，气候有如下特点：①热量充足，年平均温度达19.5℃，≥10℃积温高达7126.3℃，全年各月平均温度都在10℃以上，最冷的1月均温达到12.5℃，可满足茶树全年生长的热量需要。②日照时数长，全年长达2195.6小时，可充分满足茶树光照要求。③雨热同季，降水有效率高。65.5%的降水集中在六、七、八、九月的茶树最适生长期。但由于冬春季（12—5月）的蒸发量是同期降水量的7倍，常导致旱情发生，这是茶树生长的唯一不利气象因素。但由于茶树生长地要比县城坝区海拔高出300~600m，温湿条件有所不同，比如年平均温度要略低2~4℃，迎风坡的降水量亦有所增加。背风向阳的坡地，冬季夜晚还会出现地面逆温，气温反比谷底或坝区高，可使茶树免受低温危害。

云南是高海拔、低纬度的地理环境，冬夏两季太阳高度角的变动范围不大，全年所获得的热量比较均衡，大部分地区11月至次年4月受热带、副热带大

陆西风和沙漠地带干暖气流控制，天气晴朗，日光充足，温度高。5—10月主要受来自海洋的西南季风和东南暖湿气流控制，阴雨天多，日照较少，气温不易升高，这就是通常所称的"雨季"。云南大部分地区最热月的7月平均气温在19~22℃，最冷月1月平均气温在5~7℃，年温差在10~15℃，比起内陆省、直辖市40~50℃的年温差，显得非常有限，因此形成冬不寒冷，夏无酷热，干湿季分明，"四季如春"的独特气候。年温差小有利于延长茶树生长期，对提质增产有利。

日较差亦是一个重要的气象要素，是指一日24小时内的最高温度与最低温度的差值。据中国科学院昆明植物研究所陈杰《云南植物》载，按全年的平均日较差看，云南省大部分地区在8~11℃，且呈现由南向北逐渐减少的趋势，但全省以双江最大，达到14.9℃，比南部的个旧5.8℃高出1.5倍。白天长时间高光合作用，夜间低温较弱的呼吸消耗，非常有利于光合物质的积累，这也是勐库大叶茶滋味醇厚，浓强度大的重要气象因素之一。

按照农业气象上把≥10℃积温在6000~7500℃，最冷月均温10~15℃为南亚热带气候型的划分，双江属于低纬度南亚热带山地季风气候。因受印度洋暖湿气流和西南季风及地形、海拔高度的影响，双江的垂直气候明显：低热河谷为北热带、南亚热带；中山为中、北亚热带；高山、亚高山为南温带。

双江主产茶的村寨主要在勐库镇，以冰岛湖（南等水库）为界，分西半山、东半山。西半山海拔最高的产茶村寨地界海拔1947m，最低豆腐寨海拔1420m。东半山最高坝糯海拔1930m，最低章外海拔1773m。冰岛湖不断升腾的水雾，使茶区形成"晴时早晚遍地雾，阴雨成天满山云"，造就了"高山云雾出好茶"的优越气候条件。

综合各项气象因素，可知水热和日照条件非常适合茶树生长，1982年双江自治县在全国茶叶区划研究中归于最适宜茶区。

全国茶叶区划研究

三、土壤和植被类型

双江茶叶产地天然植被较好，有着代表该地区生物气候特点的多个树种，呈现着南亚热带的景观特点，如最常见的有山毛榉科的栎树、栲树、柯树，木兰科的白玉兰，桑科的大叶榕（大青树），桦木科的西桦、冬瓜木，山茶科的木荷、枔木、大头茶，樟科的黄樟等。这是南亚热带阔叶林与北热带雨林、季雨林过渡地区林相的主要组成成分。森林覆盖率达到70.7%。

全县有7个土类和相应的植被类型，按垂直高度分别如下。

1.
砖红壤

海拔800m以下。在高温、多雨的热带雨林条件下，成土母岩经强烈脱硅富铝化和生物富集化而形成，土体呈砖红

色、砖黄色、暗红色等，土层深厚，土质黏滞。主要植被为热带雨林和季雨林、暖热性针叶林、热性竹林、热性稀树灌木草丛等。适合各类茶树生长。

2.
赤红壤

同样是在高温高湿的南亚热带雨林条件下.以花岗岩为主的母岩经强烈脱硅富铝化和生物富集化形成，但强度要比砖红壤弱。土壤深红色，土质较疏松，主要分布在海拔800~1300m左右的勐勐、勐库、贺六三个坝子及周边浅山丘陵和江边低热河谷地带。是茶产区的主要土类之一。主要植被为山地雨林、常绿阔叶林、落叶阔叶林、暖热性暖温性针叶林、暖热性竹林、稀树灌木草丛等。

3.
红壤

在亚热带气候条件下，母岩经中度富铝化和生物风化形成，包括红壤、黄红壤、粗骨性红壤3个亚类，是中山河谷区和中山宽谷区分布最广的土类，成土母岩有花岗岩、片麻岩、砂页岩、页岩等，海拔在1300~2100m，黄红壤可达海拔2500m，是茶区分布最广的土类。主要植被类型有常绿阔叶林、落叶阔叶林、暖温性针叶林、竹林及稀树灌木草丛等。

4.
黄壤

成土母岩是花岗岩、千枚岩和砂岩等，在湿润的亚热带气候条件下风化生成。土壤呈黄色或蜡黄色，土层深厚，土质疏松。主要分布在海拔2100~2500m的勐库、沙河两个乡镇，植被类型有常绿阔叶林、落叶阔叶林、暖温性针叶林、竹林及稀树灌木草丛等。亦是茶叶产区的主要土类之一。

5. 黄棕壤

由中性和酸性母岩发育而成，富铝化作用弱，土壤矿物质营养含量较高，主要分布在海拔2500~2800m的勐库大雪山、忙糯大亮山和勐勐大丙山等高山区。主要植被类型有常绿阔叶林、落叶阔叶林、暖温性针叶林、寒温性竹林、稀树灌木草丛等。黄棕壤适宜抗寒性较强的茶树生长，茶叶品质优良。

6. 棕壤

在暖温带湿润和半干旱气候条件下形成，主要分布在海拔2800~3100m的勐库大雪山中上部的冷凉山区，植被类型有中山常绿阔叶林、落叶阔叶林、温凉性针叶林、温凉性竹林、寒温性稀树灌木草丛、山顶苔藓矮林等。因气温低，已无自然生长的茶树。

7. 亚高山灌丛草甸土

海拔在3100m以上，植被类型主要是山顶苔藓矮林、寒温性竹林、寒温性稀树灌木草丛等。

此外，平坝区主要是紫色土、冲积土和水稻土。由中生代紫色红页岩、红砂岩等风化的酸性紫色土可栽培茶树，且品质好于红黄壤。

四、茶区土壤特点

根据对勐库镇部分村寨的茶园土壤有机质、有效养分和重金属测定，结果列入表2。

表 2　勐库镇部分村寨茶园土壤理化测定平均值

	pH	有机质（％）	全氮（％）	有效养分（mg/kg）				
				磷	钾	镁	锌	硫
参考值	4.51~5.50	>2	>1.0	≥45	≥120	≥60	>1.5	>30
幅度	4.91~5.91	2.55~7.55	0.118~0.323	0.0~84.1	20.2~228.7	7.1~132.4	1.2~10.4	8.5~32.1
平均	5.20	4.50	0.197	6.6	108.6	53.1	3.5	18.2

注：各项目参考值是优质茶园土壤化学指标。

1. pH 及有机质等有效养分

从表2的测定结果看，有以下几个特点：

（1）土壤酸碱度：pH均处于茶树生长的最适范围内，表明勐库茶区土壤不存在酸度障碍。

（2）有机质：是土壤肥力高低的标志性物质，是茶园持续优质高产的基础。有机质含量各个样点都很丰富，平均高出指标的1.25倍。

（3）氮含量：都很低，没有达到优质茶园指标，这与近来片面追求"纯天然"，长期不施肥有关。氮素营养，对茶树的优质高产非常重要。一般每100kg干茶需施10~15kg纯氮。

（4）磷含量：普遍缺乏，几乎所有村寨茶园土壤均处于缺磷或严重缺磷状态。磷在酸性土中易被土壤固定，所以要适当增施磷肥，每亩可施钙镁磷肥15kg，可2年施1次。

（5）钾含量：很不平衡，只有4个村寨茶园样点高出优质茶园指标，多数含量较低，钾可提高红茶中的茶黄素和茶红素含量，对红茶品质有利。在施有机肥的基础上，每亩可施硫酸钾等15kg。

综观表2各项营养元素，除了有机质丰富外，其他含量还是比较高的，以冰岛超标项目最多，这可能是冰岛茶出类拔萃的重要因素之一。

2. 土壤重金属

土壤中的重金属来源比较复杂，多数是来自成土母岩。重金属离子会随着营养元素的运转进入茶树新梢，从而引起成品茶重金属超标。勐库茶区土壤各项重金属含量都远低于无公害茶园土壤环境质量指标，尤其是对人体危害很大的砷、铬和镍，几乎可以忽略不计。这是勐库茶质量安全的重要依据之一。

此外，据研究，土壤pH、有机质和营养元素含量的高低与海拔高度并无相关性，例如海拔1930m的坝糯肥力水平较低，而海拔1680m的冰岛是所有样点中肥力最高、营养元素最均衡的。位于相同海拔高度的坝气山、坝卡又都处于较低的肥力水平。所以勐库大叶茶栽培茶园肥力水平主要是由土壤结构、环境条件、施肥水平等综合因素形成的。

第二章

勐库大叶茶的前世今生

第一节

勐库大叶茶溯源

据有关考证，布朗族（又称蒲蛮人、朴子蛮）是云南最早种茶的民族。凡是有布朗族居住的地方，定是"寨中有茶，茶中有寨"。另一个善于种茶的拉祜族，将茶树分为大山茶、坝子茶、本山茶。用野生茶种子或野生茶苗木种植在村寨附近的称大山茶，凡是茶味苦涩不够浓醇的称本山茶，种在田间地头或者坎边的称坝子茶。

据《双江傣族简史》等多个文献资料记载，双江茶树种植有可能是从明·成化二十年（1484年）开始的。勐库一带茶树大多是在清末民初为拉祜族、佤族所种，所以凡是拉祜族、佤族村寨周边都长有古茶树。据詹英佩《云南双江》记叙，勐库镇的懂过、小户赛、公弄、南迫、坝糯都有树龄超过冰岛的大茶树，所以与冰岛老寨同样树龄或者更早种的茶树在勐库镇有多个地方。

那么，勐库一带的茶树又是从何而来的呢？据分析推测，大体有四种可能。

一、六大茶山说

六大茶山的种茶历史，并不很久，大概始于明代中晚期，清乾隆、嘉庆、道光为鼎盛期。由于种茶多为少数民族，清代以前，几乎没有汉文史料记载，多停留于民间口头传说。冰岛等地较多的人认为是早年商贸人员、亲友或马帮从六大茶山带来茶籽繁衍而成的（亦有说是从澜沧景迈山引入）。茶叶在150多年前有货币功能，所以很快在各个村寨扩种开来。

然而，从现今茶树形态特征看，两者还是有一些差别，比如勐库大叶茶，树体高大，叶肥芽壮，勐库茶区没有在六大茶山常见到的大叶茶树中夹杂一些中小叶茶树，茶叶风味也有所不同。

二、缅甸说

据《双江傣族简史》载，明·成化十六年（1480年），土司罕廷发，从缅甸悉博（今缅甸腊戌南部）到勐勐（双江县城）任职，派下属岩庄等人到悉博莱弄采种（亦有说是勐勐傣族土司从缅甸滚弄山引种），并学习种植加工技术，于明·成化二十一年（1485年）在勐库扁岛（冰岛），播种育苗150多株，后继代培

养，成为一个种群。亦有说是从缅甸果敢引进的，果敢老街旧称麻栗坝。不论是腊戌或果敢距双江直线距离约六七十公里，由澜沧或镇康出入方便。

三、西双版纳说

据《云南双江》载：土司罕廷发1485年派人去西双版纳取茶种种植于扁岛（冰岛）。据郭红军《云南近代茶史经眼录》载："该县（双江）植茶，始于光绪二十五六年（1899—1900年），出于彭耀氏提倡，茶种来自佛海（勐海），系大山茶。"这一说法，有一定的依据。

四、本土说

根据物种"散生论"观点，即一个物种或种群不一定是由一个中心向外扩散或演化的，很可能是多个地方同时或先后产生的。双江地处北回归线上，优越的自然条件，完全有可能是勐库大叶茶的"原产地"，邦马大雪山大理茶居群就是最好的例证，也就是说勐库大叶茶是土生土长的一类群体，通过多年的人工栽培，农艺性状更加优化，成为一个优良的"原生"栽培品种。

目前还不能明确大雪山大理茶（*C.talinsis*）与勐库大叶茶的渊源关系。一是大理茶深藏于原始林中，几乎与世隔绝，先民不可能挖苗移栽；二是大理茶与勐库大叶茶是两个不同的物种，勐库大叶茶是普洱茶种（*C.sinensis* var. *assamica*），它不可能是由大理茶自然进化而来，在人类有限的历史时期内也不可能将大理茶驯化为普洱茶种。

以上是从多个方面推测勐库大叶茶品种的源头。因群体种形态复杂，再加取样的局限性，所以要真正追踪它们的亲缘关系，还必须用分子生物学鉴定。目前可用DNA标记物进行识别，即用扩增多态性条带限制酶和儿茶素生物合成酶

确定的DNA标记物对易武大叶茶、缅甸大叶茶、勐海大叶茶、景迈大叶茶等品种以及大雪山野生茶树进行识别，即进行"亲子鉴定"。还可以采用全基因序列分析各个品种之间的遗传背景，解析品种间的亲缘关系。可是，目前还没有这方面的研究结果。不过，从综合遗传背景看，以"原生种"最有可能。

第二节　勐库大叶茶对茶产业的贡献

一、云南省内外最早的引种品种之一

勐库大叶茶的特征特性和优良的制茶品质成了最早引种品种之一。据《云南双江县志》和《双江县茶叶志》等记载，云南近代和当代引种勐库大叶茶的有：

（1）清乾隆二十六年（1761年），双江傣族第十一代土司罕木庄向顺宁府（凤庆）土司送茶籽数百斤，按"十户头"分发农户种植。昌宁土司调进茶籽在漭水一带播种。清光绪二十二年（1896年）云县茶房绅士石峻到勐库买茶籽30驮（驮为非法定计量单位，1驮≈53kg），分给当地农民种植。清光绪三十四年（1908年），顺宁知府琦麟派人到勐库购茶籽1500千克，在凤山种植。清宣统元年（1909年）缅宁（临沧）通判房景东到勐库购茶籽数百斤种植。宣统二年（1910年）永德到勐库引种。1912年，腾冲封佩藩、封少藩购勐库茶种至腾冲龙江、蒲川一带种植。1913年，镇康引种勐库大叶茶。1917年云县茶房调进勐库茶

籽100驮。

（2）1923年，保山人封维德从勐库购进茶籽100驮，分至腾冲窜龙、浦窝种植。1940年中茶公司调勐库茶籽92驮到宜良茶场。1955年，大理引种勐库大叶茶。1958年，勐海引种勐库大叶茶。1959年，沧源调运勐库茶籽5000多千克。

（3）1958年，广东、广西到勐库调运茶籽。1960年，后茶籽先后调往福建、广东、广西、四川、海南等地。据统计1950—1980年勐库大叶茶共外调茶籽30多万千克，约可种植二三万亩茶园。

据詹英佩在《云南双江》中分析，勐库最早茶籽输出地很可能是营盘、邦木（睦）、旧笼一带，不一定是冰岛。因为旧时县政府在营盘，组织茶籽供应和运输都比冰岛方便。再说，冰岛一个小村寨也不可能有那么多茶籽，所说从冰岛调种，应该理解为"大冰岛"，也就是勐库镇所属寨子的茶籽。

二、原头子茶

在凤庆大寺乡、昌宁温泉镇等地有一类称作"原头子"的茶树，乍一听，不知其然。原来，早年凤庆、昌宁等地群众挖掘野生茶（多半是大理茶）来种植。因茶叶香低味涩，除制少量边销茶外，当地少有人喝。后来一些外出经商和务工人员、复退军人等陆续从外地带回勐库大叶、勐海大叶等茶籽种植，茶味好，卖价高。20世纪50、60年代，随着外贸量的增加，云南省大力推广优质红茶品种，作为"滇红"主产区之一的凤庆、昌宁等地更是大量引种勐库大叶茶。为区别于当地的野茶，群众遂将最初引进的勐库大叶茶称作"原头子"或"原头茶"。至今一些老茶农还说，"从双江来的品种茶味最好"。据我们对昌宁温泉镇联席村的一株"原头子"调查，树高6.3m，特大叶，芽叶黄绿色，茸毛特多，制红茶，金毫满披，汤色艳亮，滋味醇厚，花香持久。

肖时英在《感时木荣》回忆中说，20世纪50年代初，勐海茶叶试验站（当时肖在试验站任职）常有外省科研单位索要勐库茶籽，并对勐库茶倍加赞赏。为此，肖时英专门到双江的懂阁（过）、公弄、东来、邦（帮）改、柄（冰）岛等地调查。早年，茶叶价格高，一斤茶叶值六两银子。因此，柄岛茶籽广为引种到凤庆、临沧、镇康、昌宁、镇沅、景谷、景东等县。凤庆、昌宁等地便把最初引进的勐库种称作"原头子"（原种），原头子结的茶籽长成的茶树称"客子"（勐库客子），客子结的茶籽长成的茶树称"客孙"（勐库客孙）。因为勐库种纯度高，制茶品质优，凤庆人统称"凤山茶"。所以，现今同为国家级品种的凤庆大叶茶，如果追本溯源，很可能是勐库大叶茶的"原头子"或"客子""客孙"，与勐库大叶茶是"一家亲"。

三、育种用优良原始材料

勐库大叶茶具有优良基因，不仅可以用于单株选择，而且也可采用人工杂

交、辐射处理、组织培养等手段培育新品种。据统计，目前勐库大叶茶作为育种原始材料或杂交亲本育成的新品种就有40个，可以说是我国大叶品种中用来育种最多的种质资源，与中小叶品种福鼎大白茶可谓是并驾齐驱。

1. 用作人工杂交亲本育成的国家级及省级半同胞系品种有：

福鼎大白茶（♀）×勐库大叶茶（♂）：福云6号、福云7号、福云10号、迎霜、翠峰、劲峰、浙农12、浙农113、浙农139、浙农117、福云20号、福云595、碧香早、茗丰、浙农121。

勐库大叶茶（♀）×福鼎大白茶（♂）：湘红茶1号。

平阳群体种（♀）×勐库大叶茶（♂）：碧云、霜峰。

勐库大叶茶（♀）×平阳群体种（♂）：菊花春。

勐库大叶茶（♀）×川茶种（♂）：蜀永1号、蜀永808、蜀永307、蜀永401、蜀永3号、蜀永906。

川茶种（♀）×勐库大叶茶（♂）：蜀永2号、蜀永703。

镇宁团叶茶（♀）×勐库大叶茶（♂）：黔湄601。

湄潭晚花大叶茶（♀）×勐库大叶茶（♂）：黔湄701。

2. 用作选种材料采用系统育种法育成的国家级及省级品种有：

云大淡绿、浙农21、英红9号、云抗37号、云选9号、浙农25、云茶普蕊、云抗37号、云选9号、锡茶10号、苹云。

（育成单位及品种性状参阅《中国无性系茶树品种志》《云南茶树品种志》）

鉴于此，2015年11月，原中华人民共和国农业部批准对"勐库大叶种茶"实施国家农产品地理标志登记保护，登记证书编号：AGI01772。

披针形　　长椭圆形　　椭圆形　　卵圆形　　圆形

第
一
节

茶树特征特性和植物学分类

一、形态特征

在长期的自然选择和人工栽培过程中，由于自然杂交和变异，使勐库大叶茶成为一个复杂的群体。当地按叶片形态命名分为黑大叶、卵形大叶、筒状大叶，黑细长叶、长大叶等类型。其形态特征见表3。

表3　勐库大叶茶形态特征

类型	黑大叶	卵形大叶	筒状大叶	黑细长叶	长大叶
树型	小乔木	小乔木	小乔木	小乔木	小乔木
树高幅m	7.7 4.9~5.8	6.5 4.8~7.0	6.1 4.3~5.6	6.9 2.9~3.5	8.2 4.5~4.6
叶片长cm	17.8±0.92	16.3±0.93	18.1±0.96	17.8±1.18	19.3±0.89
叶片宽cm	7.08±0.62	7.50±0.49	7.52±0.78	6.21±0.33	6.98±0.20
叶形	椭圆	卵圆、椭圆	椭圆	长椭圆	长椭圆
叶色	深绿	绿、有光泽	绿、有光泽	深绿	暗绿泛黄褐
叶面	隆起	强隆起	强隆起	微隆	微隆
叶尖	渐尖	渐尖	急尖、钝尖	渐尖、尾尖	急尖
侧脉对数	11.3±0.78	11.5±1.18	12.4±1.26	13.7±1.68	13.9±0.99
芽叶色泽	黄绿	黄绿（红芽）	黄绿	绿黄	黄
芽叶茸毛	特多	多	特多	多	特多
花冠直径cm	3.69×2.50	3.34×2.87	3.20×2.50	4.11×2.47	3.62×2.90
子房茸毛	多	多	多	多	多
花柱裂数	3	3	3	3	3
茶果直径cm	3.0×2.7	2.8×2.7	2.6×2.4	2.4×2.1	3.4×2.8

由表3可知，勐库大叶茶的特征特性有如下几个特点。

（1）树型和树姿：均为小乔木树型，树姿多数是半开张，少数直立或开张。在只采不剪自然生长情况下，几十年以上树龄的树高可达5~6m以上。

（2）叶片：属于大叶型，少数是特大叶和中叶。叶形以椭圆形为主，少数为长椭圆和披针形。叶面隆起或强隆起，叶身多为平或稍背卷，叶齿锐、中、深。叶质厚软，叶肉中海绵组织发达，液泡大，内含物丰富，这是勐库大叶茶味浓耐泡的生理结构特点。

（3）芽叶：在无严重干旱的正常气候情况下，2月中下旬萌芽生长，3月上

中旬可长至一芽二三叶。全年生长期长达9~10个月。芽叶绿或黄绿色、肥嫩、茸毛多或特多，芽叶节间长，持嫩性强。一芽二叶百芽重在80~100g，是中小叶茶的2~3倍。

（4）花和果实：10~11月花果同期。花属于单瓣花，雌雄蕊同朵。花冠直径2.5~4.5cm，花瓣5~7瓣，花瓣白色或白色带绿晕，瓣质如翼。子房多毛，少数子房无毛，花柱3裂，个别2裂或4裂，子房3室。萼片5~6片、无毛。果3室，也即1个果实最多结3粒种子，也有因种胚发育不良，1果只结1~2粒子的。种子球形，种皮光滑，棕褐色，种子直径在1.4cm×1.3cm~1.9cm×1.7cm，最大直径2.2cm×1.9cm，百粒子重100~280g，最大百粒重320g。

勐库大叶茶叶片

勐库大叶茶芽叶

二、植物学分类

根据勐库大叶茶小乔木、乔木树型，大叶，萼片无毛，花冠小，花瓣少，子房有毛或无毛，花柱3裂等形态，在植物学分类上属于山茶科（Theaceae）、山茶属（*Camellia*）、茶亚属（subgen.thea）、茶组（Sect.Thea）植物，多数属于普洱茶种 [*Camellia sinensis* var.*assamica*（J.W. Master）Kitamura]，少数为秃房茶（*C.gymnogyna* Chang）和多脉普洱茶（*C.assamica* var.*polyneura* Chang）。

第二节 茶叶化学成分

一、生化成分含量

根据对勐库大叶茶春茶一芽二叶生化分析样测定，综合结果列于表4。分析如下：

表 4　生化成分含量　　　　　　　　　　　　　　　单位：%

产地		水浸出物 （35~45）	茶多酚 （15~25）	儿茶素总量 （13~18）	氨基酸 （2~4）	咖啡碱 （3~4）	茶氨酸 （0.5~3）
勐库大叶茶	勐库镇 西半山村寨平均	49.2	26.40	19.19	3.8	3.82	2.489
	东半山村寨平均	49.6	24.25	16.74	4.6	3.74	3.025
	镇平均	49.3±2.49	25.74±2.78	18.44±2.92	4.1±0.82	3.80±0.18	2.654
	其他乡 平均	49.4	26.38	16.45	4.4	4.03	2.580
总平均		49.4±0.84	25.92±2.75	18.05±0.80	4.2±0.76	3.86±0.20	2.922

注：其他乡含沙河、邦丙、大文、忙糯。

1. 水浸出物

指茶叶中一切可溶入茶汤的可溶性物质，含量一般在5%~45%。从表知，平均含量都在49%以上。这是勐库大叶茶茶味普遍醇厚、有粘稠性的主要生化基础。

2. 茶多酚

约占茶叶干物质的12%~25%，＞25%的为高多酚含量。茶多酚对成品茶色、香、味的形成起着重要作用。从表知，茶多酚平均含量都在正常值范围内。其中，有12个村寨＞25%，有9个村寨＞27%，属于特高茶多酚含量。勐库镇东西半山含量差异不大，平均含量均超出25%。这是勐库大叶茶滋味醇厚、收敛性强的重要原因之一。

3. 儿茶素

是赋予茶叶色、香、味的重要物质，约占茶叶干物质的16%~23%，＞18%

图·臻字号

视为高儿茶素含量。从表看，勐库镇样品平均含量＞18%，其中≥18%的有10份，占样品数的55.6%，最高的儿茶素含量达到22.4%。由此可见，勐库大叶茶制红茶品质优是有生化基础的。

4. 氨基酸

茶叶中主要是以游离状态存在的游离氨基酸，它是茶汤鲜爽味的主要呈味物质，一般≥4.5%为高氨基酸含量。勐库大叶茶氨基酸≥4%的样本有9个，≥5%的有4个，属于高氨基酸含量。就表看，平均含量达到4.2%。这是勐库大叶茶不论制红茶绿茶，鲜爽度高的生化基础。

5. 咖啡碱

咖啡碱含量一般在2%~5%，也是重要的呈味物质。咖啡碱和茶多酚络合，形成茶的固有风味；与茶黄素、茶红素、多糖、蛋白质、氨基酸等形成的络合物称"乳凝"，是红茶"冷后浑"的主要物质。勐库大叶茶所有样本咖啡碱含量都在常规范围内。适量的咖啡碱含量是赋予勐库大叶茶滋味鲜浓的又一重要因素。

6. 茶氨酸

茶氨酸：又称N-一基-γ-L谷氨酰胺，是由茶树根部生成的非蛋白质氨基酸，约占游离氨基酸总量的50%，占茶叶干物质0.5%~3%。茶氨酸是赋予茶叶鲜爽甘醇的重要物质，能缓解茶的苦涩味，调节人体神经功能，有安神镇静、促进记忆和预防帕金森氏症的作用。从表知，所有样本茶氨酸都在常规范围内，平均含量达到2.922%。这是勐库大叶茶品质优良，有益于健康的又一重要生化物质。

二、生化成分综述

1. 五项常规成分都处于高或较高水平，这是勐库大叶茶制茶品质优的生化基础。

2. 勐库镇的东半山以及大文、忙糯、邦丙等乡生化基础水平略逊于西半山，所以西半山是双江最主要的优质茶产区。

3. 在双江茶区，生化成分含量与海拔高度没有直接关系，因此同样与制茶品质没有相关性，也即在一定的范围内海拔高度不会影响茶叶品质。各主要生化物质以海拔1700~1800m范围内的茶叶含量最高。

第三节　适制茶类与制茶品质

一、红茶

鲜叶要求具有高茶多酚含量，尤其是儿茶素中的EGCG（表没食子儿茶素没食子酸酯）、ECG（表儿茶素没食子酸酯）和EGC（表没食子儿茶素）含量要高，同时要求酶的活性要强。茶叶中的多酚氧化酶和过氧化物酶在红茶发酵过程中起着重要的催化作用，酶活性越强，儿茶素类氧化越充分，生成的茶黄素和茶红素越多，品质越优。据屠幼英研究，一般鲜叶多酚氧化酶活性＞$0.63O.D_{420nm}$时（按4g鲜叶计），最适制红茶，＜$0.41O.D_{420nm}$时适制绿茶，介于两者之间的适制半发酵茶。不同品种的酶活性有很大差异，从表5知，龙井43、紫笋酶活性都远＜$0.41O.D_{420nm}$，所以适制绿茶。政和大白茶是制政和工夫的品种，以汤色红艳富金圈，突显紫罗兰香著称，其酶活性达到$0.603O.D_{420nm}$。勐库大叶茶更是达到$0.791\,O.D_{420nm}$，最适制优质红茶。

表5　鲜叶多酚氧化酶活性

（屠幼英）

品种	龙井43	紫笋	福建水仙	政和大白茶	云南大叶茶*
酶活性（$O.D_{420nm}$）	0.367	0.391	0.445	0.603	0.791

注：* 勐库大叶样品。

由于勐库大叶茶儿茶素本底高，酶活性强，氧化成的茶黄素含量达到1.71%，超过了国家品种云抗10号的1.66%和肯尼亚优质红茶主栽品种6/8的1.64%。所以，勐库大叶茶红茶以汤色红艳、花香隽永、滋味浓强鲜醇为其显著特点。

滇红工夫

二、绿茶

主要制作晒青绿茶。晒青茶多用作普洱茶原料。由于勐库大叶茶鲜叶生化成分含量高，比例协调，制晒青茶，显花蜜香，滋味浓酽，稍有苦涩味（表6），最适合作普洱茶等后发酵茶原料。亦适制高档烘青滇绿茶。

表 6　勐库大叶茶晒青茶品质

产地	特　点
冰岛	条索肥壮墨绿油润显毫，显花蜜香，滋味鲜醇饱满，略显苦涩，收敛性和刺激性均强，回甘强。多次冲泡后，仍显甘醇
坝糯	条索紧实绿润有毫，清香略带花香，滋味鲜浓回甘，苦显于涩
小户赛	条索绿润多毫，清香或蜜香持久，滋味鲜浓甘爽，有苦涩味
懂过	条索肥壮绿润多毫，蜜香饱满，滋味浓强回甘，显涩稍苦，有层次感

三、普洱茶

　　普洱茶是以晒青茶毛茶为原料的再加工茶，通过人工渥堆，让其发酵，生成黑曲霉、酵母菌以及青霉、根霉、灰绿曲霉、白曲霉、黄青霉等有益微生物。在湿热条件下，茶多酚、儿茶素等生化成分发生氧化降解、络合等反应，生成没

食子酸、没食子酰基等次生物质。一部分儿茶素与有机酸结合产生普洱茶素，从而减少苦涩味；纤维素等多糖类物质发生降解，产生了低聚糖、水溶性多糖和双糖等物质，增加了水浸出物含量，使滋味变得醇厚回甘。另外，渥堆还产生诸如棕榈酸、戊烯醇、庚二烯醇等具有陈香味的物质。这些变化和生成物都需要原材料（晒青茶）含量本底要高，也就是生化成分基础水平要高，酶活性要强。如前所述，勐库大叶茶正符合这些要求，故以勐库大叶茶晒青作原料的普洱茶，橙毫显露，色泽红褐，陈香（菌子香）浓郁，醇滑回甘，品质优，同睿堂茶空间的"冰岛古树普洱茶"、津乔茶业有限公司的"津乔普洱"、存木香茶业有限公司的"拉祜寨"都受到市场的青睐。

四、白茶

白茶因外形满披白毫而得名，如用福鼎大白茶单芽制的白毫银针，色白如银，汤色杏黄，香气清鲜，显毫香，滋味纯正甘爽，叶底嫩绿。近年来，云南、贵州等省也有用芽叶粗壮多毛的大叶品种制作白茶的，如云南用景谷大白茶品种等制"月光白""月光寿""月美人"等。传统白茶属于微发酵茶，不杀青、不揉捻，只有萎凋、烘焙两个工序，不会破坏酶的活性，有少量的氧化作用，所以保留了较多的氨基酸、茶多酚、维生素等物质，口感清爽偏淡无苦涩味，是自然质朴的茶类。

相比传统白茶品种，勐库大叶茶芽叶肥壮，茸毛多，茶多酚、儿茶素含量高，酶活性强，故儿茶素会自动氧化成茶红素、茶褐素等有色物质，制作的白茶易形成"黑面白底"，所以双江茶区在产地选择、采摘标准和工艺上要：

（1）要选择茶树茶多酚、儿茶素含量相对较低的产地的茶叶生产白茶。

（2）宜采摘春茶单芽或一芽一叶初展叶，外形不显松散，滋味鲜醇。

（3）工艺上要求萎凋与烘焙相结合。只萎凋不烘焙，会呈现"干树叶

味"。具体是：①萎凋。鲜叶薄摊于篾筛上，在弱阳光下晒1~2小时，然后移至室内萎凋48小时左右，待叶色暗绿，微显清香即可。②烘焙。a. 烘笼烘焙：萎凋叶九成干的进行一次性烘焙，温度40~50℃，每烘笼摊萎凋叶0.5~1.0kg；萎凋叶六七成干的分两次烘焙，温度70~80℃，初烘每笼摊叶约0.75kg，茶叶下衬白布或白纸，以防灼伤芽毫，约30分钟后摊凉0.5~1.0小时。足火温度40~50℃，每笼约1.0kg，烘焙过程中翻拌数次，烘至足干。b. 用烘干机快速焙干，风温120℃左右，以茶叶手搓成末，折梗易断为度。③不揉捻，否则会使叶面变黑，增加苦涩味。

烘焙的白茶绿面白底，香味清鲜　　　　没有烘焙的白茶，黑面白底，有"干树叶味"，
　　　　　　　　　　　　　　　　　　　　　　　香味不爽

图·许文舟

第四章

茶树种质资源

　　勐库镇位于双江自治县境北部，是云南栽培茶园最集中成片的乡镇之一。全镇有21个村寨产茶，产量占全县90%以上，其中，西半山的冰岛、地界、坝卡、懂过、坝气山、大户寨、豆腐寨、营盘、公弄、邦改、邦骂等最多，东半山以坝糯、那焦、小村、章外、东来、东弄等为主。另外，邦丙、大文、坝糯、沙河等乡也有部分村寨产茶。现将各村寨栽培品种代表性植株介绍于后。

勐库大叶茶栽培品种

一、主要栽培品种

 1. 冰岛特大叶

C.sinensis var. *assamica.*

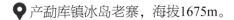

产勐库镇冰岛老寨，海拔1675m。

栽培型。样株小乔木型，树姿半开张，树高5.7m，树幅5.7m×4.4m，干径54.0cm，最低分枝高1.0m，分枝密。嫩枝有毛。

芽叶绿色或黄绿色、多毛。特大叶，叶长宽19.1cm×8.4cm，最大叶长宽21.3cm×9.4cm，叶椭圆形，叶色绿，叶身平，叶面隆起，叶缘微波，叶尖渐尖或钝尖，叶脉10~13对，叶齿锐、中、深，主脉突显，叶背主脉多毛，叶质软。

萼片5片、无毛、色绿。花冠直径3.8cm×3.2cm，花瓣6~8枚、白现绿晕、质薄，花瓣长宽2.1cm×1.4cm，花瓣质中，子房无毛、3室，花柱3裂。

果三角状球形、肾形等，果径2.4cm×2.0cm。

种子球形、不规则形等，种径1.2cm×1.4cm，种皮棕褐色，种子百粒重111 g。

适制绿茶（包括晒青、烘青，下同）、红茶、白茶。

冰岛特大叶

2. 南迫大叶茶

C. sinensis var. *assamica*

📍 产勐库镇冰岛南迫村，海拔1814m。

🌱 栽培型。小乔木型，树姿半开张，树高7.8m，干径62cm，最低分枝高度1.4m。

🍃 芽叶绿色、多毛。特大叶，叶长宽14.3cm×6.3cm，叶椭圆形，叶色深绿，叶身平，叶面隆起，叶尖渐尖，叶脉9~11对，叶齿锐、中，叶背主脉多毛，叶质中等。

✿ 萼片5片、无毛。花冠直径3.9cm×3.9cm，花瓣8枚、白现绿晕，花瓣质中，花柱3~4裂，子房多毛、3（4）室。

宜制绿茶、白茶。

南迫大叶茶

3. 地界大叶茶

C. sinensis var. *assamica*

產勐库镇冰岛地界村，海拔1942m。

栽培型。小乔木型，树姿半开张，树高6m，干径46cm。

芽叶黄绿色、多毛。特大叶，叶长宽15.4cm×6.5cm，叶椭圆形，叶色绿，叶身平，叶面隆起，叶尖渐尖，叶脉9~11对，叶齿锐、浅、中，叶背主脉多毛，叶质软。

萼片5片、无毛。花冠直径3.6cm×3.5cm，花瓣6枚、白色，花柱2~3裂，子房有毛、3（2）室。

果径2.4cm×2.1cm，种径1.4cm×1.3cm，种子百粒重117g。

适制红茶、绿茶。

地界大叶茶

4. 坝气山大叶茶

C. sinensis var. *assamica*

📍 产勐库镇懂过村坝气山，海拔1747m。

🌱 栽培型。小乔木型，树姿半开张，树高6m，基部干径30cm。

🌿 芽叶绿色、多毛。特大叶，叶长宽16.0cm×6.3cm，叶长椭圆形，叶色绿，叶身平，叶面平，叶尖渐尖，叶脉12~15对，叶齿锐、密、浅，叶背主脉多毛，叶质中等。

🌸 萼片5片、无毛。花冠直径4.0cm×3.7cm，花瓣6枚、白色，花柱3裂，子房有毛、3室。

🌰 果径2.8cm×2.2cm，种径1.4cm×1.4cm，种子百粒重190g。

> 适制红茶、绿茶。

坝气山大叶茶

5. 坝卡大叶茶

C. sinensis var. *assamica*

📍 产勐库镇坝卡村，海拔1713m。

🌱 栽培型。小乔木型，树姿直立，树高4m。

🍃 芽叶绿色、多毛。特大叶，叶长宽15.6cm×7.0cm，叶椭圆形，叶色绿，叶身平，叶面隆起，叶尖渐尖，叶脉11~13对，叶齿锐、密、浅，叶质中等。

🌼 萼片5片、无毛。花冠直径2.8cm×2.3cm，花瓣6枚、白色、质薄，花柱3~4裂，子房有毛、3（4）室。

🌰 果径2.0cm×1.7cm，种径1.3cm×0.9cm，种子百粒重100g。

适制绿茶、红茶。

坝卡大叶茶

6. 懂过大叶茶

C. sinensis var. *assamica*

🔴 产勐库镇懂过村外寨。海拔1751m。

🔴 栽培型。小乔木型，树姿直立，树高6m，干径26cm，最低分枝高度1.9m。

🔴 芽叶绿色、多毛。特大叶，叶长宽17.1cm×7.8cm，叶椭圆形，叶色深绿，叶身平，叶面隆起，叶尖渐尖或钝尖，叶脉10~13对，叶齿钝、稀、浅，叶背主脉有毛，叶质中等。

🔴 萼片5片、无毛，花冠直径4.0cm×3.5cm，花瓣7~8枚、白色，花瓣质薄，花柱3~4裂，子房多毛、3（4）室。

🔴 果径2.0cm×1.8cm。种径1.7cm×1.7cm。

适制绿茶、红茶。

懂过大叶茶

7. 小户赛大茶树

C. sinensis var. *assamica*

📍 产勐库镇公弄村小户赛外寨，海拔1680m。

🌿 栽培型。小乔木型，树姿半开张，树高5.9m，干径39cm。

🍃 芽叶黄绿色、多毛。特大叶，叶长宽13.7cm×6.6cm，叶椭圆形，叶色绿，叶身平或背卷，叶面稍隆起，叶尖渐尖或钝尖，叶脉12~13对，叶齿锐、中、浅，叶背主脉多毛，叶质中等。

🌸 萼片5片、无毛。花冠直径3.8cm×3.2cm，花瓣6枚、白色，花瓣质中，花柱3裂，子房有毛、3室。

🌰 果径2.3cm×1.7cm，种径1.7cm×1.5cm，种子百粒重280g。

宜制绿茶、白茶。

小户赛大茶树

8. 大户寨大茶树

C. sinensis var. *assamica*

📍 产勐库镇大户赛张家寨，海拔1772m。

🌿 栽培型。乔木型，树姿半开张，树高5.6m，树幅5.3m×4.8m，干径38.0cm，最低分枝高度1.6m，分枝中。嫩枝有毛。

🍃 芽叶黄绿色、多毛。特大叶，叶长宽14.6cm×6.8cm，叶椭圆形，叶色黄绿，叶身平，叶面隆起，叶尖渐尖，叶脉10~13对，叶齿锐、密、深，叶背主脉多毛，叶质中。

❀ 萼片5~7片、无毛、绿色。花冠直径3.3cm×3.1cm，花瓣6~8枚、白现绿晕，花瓣长宽1.7cm×1.5cm，花瓣质薄，子房多毛、3室，花柱3裂，雌雄蕊等高。

🍂 果球形、肾形等，果径2.5cm×2.1cm。种子球形，种径1.6cm×1.4cm，种皮棕褐色，种子百粒重188g。

> 适制绿茶、红茶、白茶。

大户寨大茶树

9. 公弄大叶茶

C. sinensis var. *assamica*

📍 产勐库镇公弄村，海拔1430m。

🌿 栽培型。小乔木型，树姿半开张，树高5m，干径34cm。

🍃 芽叶黄绿色、多毛。特大叶，叶长宽15.7cm×6.7cm，叶椭圆形，叶色绿，叶身平或背卷，叶面稍隆起，叶尖渐尖或钝尖，叶脉13~16对，叶齿锐、密、深，叶背主脉多毛，叶质中等。

🌸 萼片5片、无毛。花冠直径4.5cm×3.9cm，花瓣7~8枚、白色，花瓣质薄，花柱3~4裂，子房有毛、3（4）室。

🌰 果径2.5cm×2.0cm，种径1.6cm×1.6cm，种皮棕褐色，种子百粒重184g。

适制红茶、绿茶。

公弄大叶茶

10. 豆腐寨大叶茶

C. sinensis var. *assamica*

📍 产勐库镇公弄村豆腐寨，海拔1420m。

🌿 栽培型。小乔木型，树姿半开张，树高5m，干径24cm。

🍃 芽叶绿色、多毛。特大叶，叶长宽16.7cm×5.7cm，叶椭圆或披针形，叶色绿，叶身平，叶面平，叶尖渐尖，叶脉10~12对，叶齿锐、中、中，叶背主脉多毛，叶质中等。

✿ 萼片5片、无毛。花冠直径2.0cm×1.5cm，花瓣6枚、白色，花瓣质薄，花柱3~4裂，子房有毛、3（4）室。

🌰 果径2.6cm×1.8cm，种径1.4cm×1.3cm，种子百粒重139g。

适制红茶、绿茶。

豆腐寨大叶茶

11. 旧笼大叶茶

C. sinensis var. *assamica* ?

📍 产勐库镇旧笼村小寨，海拔1750m。

🌱 栽培型。小乔木型，树姿半开张，树高4m，干径35cm。

🍃 芽叶绿色、多毛。特大叶，叶长宽21.5cm×9.0cm，最大叶长宽26.4cm×8.8cm，叶椭圆形或披针形，叶色深绿，叶身平，叶面稍隆起，叶尖渐尖，叶脉12~17对，叶齿锐、密、浅，叶质中等。

❀ 萼片5片、无毛，花冠直径3.5cm×3.2cm，花瓣7枚、白色、质中，花柱4~5裂，子房有毛、4（5）室。

🌰 果径3.1cm×2.0cm。

适制绿茶、白茶。

旧笼大叶茶

12. 邦改大叶茶

C. assamica var. Polyneura

📍 产勐库镇邦改村，海拔1726m。

🌿 栽培型。小乔木型，树姿半开张，树高5m，干径25cm。

🍃 芽叶黄绿色、多毛。特大叶，叶长宽17.1cm×6.5cm，叶椭圆形，叶色绿，叶身平，叶面稍隆起，叶尖渐尖，叶脉特多，13~19对，平均16对，叶齿锐、密、浅，叶质中等，叶背主脉多毛。

🌸 萼片5片、无毛，花冠直径3.6cm×3.4cm，花瓣7枚、白色、质薄，花柱3~4裂，子房有毛、3（4）室。

🌰 种径1.4cm×1.3cm。

适制红茶、绿茶、白茶。

邦改大叶茶

13. 帮骂大茶树

C. gymnogyna

📍 产勐库镇帮骂村水井，海拔1676m。

🌿 栽培型。乔木型，树姿直立，树高7m，树幅5m×4m，干径46cm，最低分枝高度1.3m。

🍃 芽叶黄绿色、多毛。大叶，叶长宽14.0cm×5.2cm，叶长椭圆形，叶色绿，叶身平，叶面平，叶尖渐尖，叶脉11~12对，叶齿锐、中、浅，叶背主脉多毛，叶质软。

🌼 萼片5片、无毛。花冠直径3.7cm×3.5cm，花瓣6枚、白带绿晕，花瓣质薄，花柱3裂，子房无毛、3室。

🔴 果径3.1cm×2.2cm。

适制绿茶、红茶。

帮骂大茶树

14. 坝糯藤条茶

C. sinensis var. *assamica*

📍 产勐镇库坝糯村。海拔1930m。

🌿 栽培型。小乔木型，树姿开张，树高6m，树幅8m×7m，干径50cm。

🍃 芽叶黄绿色、多毛。特大叶，叶长宽17.2cm×7.6cm，最大叶长宽23.0cm×7.8cm，叶椭圆形，叶色绿，叶身内折，叶面稍隆起，叶尖渐尖，叶脉11~12对，叶齿钝、稀、浅，叶背主脉有毛，叶质中等。

✿ 萼片5片、无毛。花冠直径3.4cm×3.3cm，花瓣6枚、白带绿晕，花瓣质中，花柱3~4裂，子房多毛、3（4）室。

适制绿茶、白茶。

坝糯藤条茶

15. 那蕉大茶树

C. sinensis var. *assamica*

产勐库镇那焦村背阴寨，海拔1960m。

栽培型。小乔木型，树姿半开张，树高8m，树幅6m×5m。

芽叶黄绿色、多毛。特大叶，叶长宽19.4cm×8.3cm，最大叶长宽21.2cm×9.2cm，叶椭圆或长椭圆形，叶色绿或深绿，叶身平，叶面稍隆起，叶尖渐尖，叶脉12~16对，叶齿钝、稀、浅，叶背主脉多毛，叶质中等。

萼片5片、无毛。花冠直径4.3cm×4.0cm，花瓣6枚、白色，花瓣质中，花柱3裂，子房有毛、3室。

果径2.4cm×1.7cm，种径1.5cm×1.2cm。

适制绿茶、白茶、红茶。

那蕉大茶树

16. 小村大叶茶

C. sinensis var. *assamica*

📍 产勐库镇那赛村小村，海拔1805m。

🌱 栽培型。小乔木型，树姿直立，树高6m。

🍃 芽叶绿色、多毛。大叶，叶长宽18.2cm×7.7cm，最大叶长宽21.0cm×7.9cm，叶椭圆或长椭圆形，叶色绿，叶身平或背卷，叶面隆起，叶尖渐尖，叶脉11~13对，叶齿钝、稀、中（齿距大），叶背主脉多毛，叶质中等。

✤ 萼片5片、无毛。花冠直径4.3cm×3.8cm，花瓣6枚、白带绿晕，花瓣质中，花柱3~4裂，子房多毛、3（4室）室。

◉ 果径2.6cm×2.0cm，种径1.6cm×1.6cm，种子百粒重230g。

适制绿茶、红茶。

小村大叶茶

17. 东来大叶茶

C. sinensis var. *assamica*

📍 产勐库镇亥公村东来李家坟，海拔1800m。

🌱 栽培型。小乔木型，树姿开张，树高2m。

🍃 芽叶黄绿色、多毛。特大叶，叶长宽20.0cm×8.1cm，最大叶长宽25.0cm×9.5cm，叶椭圆或长椭圆形，叶色绿或深绿，叶身内折，叶面稍隆起，叶尖渐尖，叶脉11~14对，叶齿锐、中、深，叶背主脉多毛，叶质中等。

🌸 萼片5片、无毛。花冠直径4.2cm×3.2cm，花瓣7枚、白带绿晕，花瓣质中，花柱3裂，子房有毛、3室。

🌰 果径3.4cm×2.6cm，种径1.9cm×1.7cm，种子百粒重320g。

> 适制绿茶、红茶、白茶。

东来大叶茶

18. 东弄大叶茶

C. sinensis var. *assamica*

📍 产勐库镇亥公村东弄大寨康巴石，海拔1854m。

🌱 栽培型。小乔木型，树姿直立，树高2.3m。

🍃 芽叶绿色、多毛。大叶，叶长宽14.4cm×5.8cm，叶椭圆形，叶色绿或深绿，叶身平，叶面稍隆起，叶尖渐尖，叶脉11~12对，叶齿锐、中、浅，叶背主脉多毛，叶质中等。

🌸 萼片5片、无毛。花冠直径3.7cm×3.4cm，花瓣7枚、白带绿晕，花瓣质薄，花柱3裂，子房有毛、3室。

🌰 果径3.0cm×2.4cm，种径1.5cm×1.5cm，种子百粒重174g。

适制红茶、绿茶、白茶。

东弄大叶茶

19. 章外大茶树

C. sinensis var. *assamica*

📍 产勐库镇章外，海拔1778m。

🌱 栽培型。小乔木型，树姿半开张，树高7m，树幅6m×5m，干径35cm。

🔅 芽叶绿色、多毛。特大叶，叶长宽19.6cm×8.3cm，最大叶长宽22.4cm×8.4cm，叶椭圆形，叶色绿，叶身平，叶面稍隆起，叶尖渐尖，叶脉9~14对，叶齿锐、中、中，叶质中。

❁ 萼片5片、无毛。花冠直径4.2cm×3.8cm，花瓣6~7枚、白带绿晕，花瓣质中，花柱3裂，子房有毛、3室。

🔅 果径3.0cm×2.5cm。种径1.7cm×1.5cm，种子百粒重216g。

适制红茶、绿茶。

章外大茶树

20. 马鹿林大叶茶

C. sinensis var. *assamica*

📍 产勐库镇马鹿林村，海拔1401m。

🌱 栽培型。小乔木型，树姿半开张，树高4m，干径20cm。

🍃 芽叶绿紫色、多毛。特大叶，叶长宽17.4cm×6.2cm，最大叶长宽22.5cm×7.0cm，叶披针形，叶色深绿，叶身平，叶面平，叶尖渐尖，叶脉8~11对，叶齿锐、中、中，叶质软。

🌸 萼片5片、无毛。花冠直径3.2cm×3.0cm，花瓣7枚、白带绿晕，花瓣质薄，花柱3裂，子房有毛、3室。

适制红茶、绿茶。

马鹿林大叶茶

21. 营盘牛皮茶

C. sinensis var. *assamica*

📍 产沙河乡营盘村彭家大茶地，海拔1780m。

🌱 栽培型。小乔木型，树姿直立，树高4m，基部干径36cm。

✏ 芽叶绿色、多毛。特大叶，叶长宽23.8cm×10.1cm，最大叶长宽27.3cm×11.0cm，叶椭圆形，叶色绿或深绿，叶身内折，叶面稍隆起，叶尖渐尖，叶脉11~16对，叶齿锐、中、中，叶背主脉多毛，叶质硬。

✿ 萼片5片、无毛。花冠直径4.2cm×3.7cm，花瓣7枚、白色，花瓣质薄，花柱3~4裂，子房有毛、3（4）室。

适制绿茶、白茶。

营盘彭家茶园

22. 小勐峨大叶茶

C. sinensis var. *assamica*

📍 产沙河乡邦协村小勐峨，海拔1695m。

🌱 栽培型。小乔木型，树姿开张。

🍃 芽叶绿色、多毛。特大叶，叶长宽19.0cm×7.6cm，最大叶长宽20.5cm×8.0cm，叶椭圆或长椭圆形，叶色绿，叶身平，叶面隆起，叶尖渐尖，叶脉10~13对，叶齿锐、浅、中，叶背主脉有毛，叶质软。

✽ 萼片6片、无毛。花冠直径2.5cm×1.9cm，花瓣7枚、白带绿晕，花瓣质薄，花柱3裂，子房有毛、3室。

🌰 种径1.5cm×1.3cm，种子百粒重243g。

适制绿茶、白茶。

小勐峨大叶茶

23. 岔箐大叶茶

C. sinensis var. *assamica*

📍 产邦丙乡岔箐村稗子厂，海拔1791m。

🌱 栽培型。小乔木型，树姿开张，树高6 m，树幅6m×5m，干径30 cm。

🌿 芽叶黄绿色、多毛。特大叶，叶长宽18.7cm×7.6cm，最大叶长宽20.6cm×8.6cm，叶椭圆形，叶色绿，叶身平，叶面平，叶尖渐尖，叶脉11~13对，叶齿锐、中、浅，叶质中等。

🌸 萼片5片、无毛。花冠直径3.9cm×3.6cm，花瓣6枚、白色，花瓣质中，子房有毛、3室。

🍑 果径3.1cm×2.3cm，种径1.6cm×1.4cm，种子百粒重206g。

适制红茶、绿茶。

岔箐大叶茶

24. 户那大茶树

C. sinensis var. *assamica*

产大文乡户那村，海拔1743m。

栽培型。乔木型，树姿半开张，树高6m，树幅7m×6m，干径23cm，最低分枝高1.2m，分枝密。

芽叶绿色、多毛。大叶，叶长宽16.7cm×6.1cm，最大叶长宽18.5cm×6.5cm，叶长椭圆形，叶色绿，叶身稍内折，叶面隆起，叶尖渐尖，叶脉10~13对，叶齿中、中、深，叶背主脉中毛，叶质中。

萼片5片、无毛。花冠直径2.5cm×2.1cm，花瓣7枚、白色，花瓣质薄，花柱3裂，子房有毛、3室。

果径3.0cm×2.3cm，种径1.7cm×1.3cm。

适制绿茶、红茶、白茶。

户那大茶树

25. 黄草林大茶树

C. sinensis var. *assamica*

📍 产忙糯乡康太村黄草林，海拔1801m。

🌱 栽培型。小乔木型，树姿半开张，树高5m，树幅5m×3m。

🌿 芽叶黄绿色、有毛。特大叶，叶长宽16.8cm×8.1cm，叶椭圆形，叶色绿，叶身内折，叶面隆起，叶尖渐尖，叶脉10~12对，叶齿锐、稀、中，叶背主脉有毛，叶质软。

❀ 萼片5片、无毛。花冠直径3.3cm×2.7cm，花瓣6枚、白色，花瓣质薄，花柱3裂，子房有毛、3室。

🔵 果径3.1cm×2.0cm，种径1.6cm×1.3cm，种子百粒重170g，种皮棕色。

适制绿茶、红茶。

黄草林大茶树

26. 上滚岗大茶树

C. sinensis var. *assamica*

📍 产忙糯乡上滚岗，海拔2050m。

🌱 栽培型。小乔木型，树姿半开张，树高6 m，树幅6m×5m，干径45cm，最低分枝高1.2m。

◎ 芽叶绿色、多毛。大叶，叶长宽13.9cm×6.0cm，叶椭圆形，叶色绿，叶身平，叶面稍隆起，叶尖渐尖，叶脉8~11对，叶齿中、中、浅，叶背主脉多毛，叶质较厚软。

❀ 萼片5片、无毛。花冠直径3.5cm×2.8cm，花瓣6枚、白色，花瓣质薄，花柱3~4裂，子房有毛、3（4）室。

◎ 果径3.2cm×2.3cm。种径1.9cm×1.6cm，最大种径2.2cm×1.9cm，种子百粒重250g。

适制绿茶、白茶。

上滚岗大茶树

27. 大必地大茶树

C. sinensis var. *assamica*

📍 产忙糯乡邦界大必地。海拔1855m。

🌱 栽培型。小乔木型，树姿半开张，树高9m，树幅8m×8m，干径48cm。

🍃 芽叶绿色、多毛。特大叶，叶长宽16.4cm×6.3cm，叶长椭圆形，叶色深绿，叶身平，叶面隆起，叶尖渐尖，叶脉11~14对，叶齿锐、稀、中，叶质中。

❁ 萼片5片、无毛。花冠直径3.0cm×2.7cm，花瓣6枚、白色，花瓣质薄，花柱3裂，子房有毛、3室。

⬤ 果径2.5cm×2.2cm。种子种脐大、直径0.7cm×0.6cm，种径1.7cm×1.7cm，种子百粒重270g。

适制红茶。

大必地大茶树

二、引种和栽培技术要点

1. 引种要注重气候相似论

引种地首先要根据气候生态类型确定适宜种植区域。从勐库大叶茶需要的生态条件以及云南各地实践表明，较小的年温差和不<－2℃的低温是栽培勐库大叶茶的底线。因此，其最适宜种植区为：年降水量不<1000mm，霜期不>20天，年平均温度19℃，极端最低温度不<－2.0℃，1月最低温度不<8℃，这样一条等温线其地域界限大体在北纬25°线以南，也就是我国南亚热带北界，地域范围大致在滇西的三江下游（怒江、澜沧江、元江），滇东南的南盘江以南，广西的红水河中下游，广东的五岭南侧，福建的载云山以南以及台湾（表7），在此区域引种勐库大叶茶具有栽培经济价值。

表 7　几个同纬度地区光热状况*

地点	纬度（° ′）	测点海拔高度（m）	日照时数（小时）	年平均温度（℃）	极端最低温度（℃）	≥10℃积温	年降水量（mm）
云南云县	24 27	1108.6	2230.6	19.4	－1.3	7055.0	905.4
云南凤庆	24 36	1587.8	2033.5	16.5	－0.9	5604.2	1330.1
广西河池	24 42	214.4	1553.2	20.3	－2.0	6780.8	1490.4
广西贺州	24 25	108.0	1591.4	19.9	－4.0	6372.4	1502.4
广东韶关	24 18	69.3	1955.1	20.3	－4.3	6613.5	1523.2
广东梅县	24 18	77.5	2110.3	21.3	－7.3	7204.2	1408.3
福建漳州	24 30	30.0	2138.2	21.1	－2.1	7494.2	1532.8
福建厦门	24 27	63.2	2276.2	20.8	－2.0	7344.8	1093.7

注：* 引自中国地面气候资料及云南省气象图册。

由表7可知，沿此等温线的气候条件基本符合勐库大叶茶的生长要求，尤其

是热量和水分状况，有些地方甚至优于云南凤庆、云县等地。不利因素是个别年份负温较大，但只要不是常年性低温也无甚影响，如地处西双版纳的勐海，1974年1月5日温度曾达–5.4℃，但仍是大叶茶的最适生长区。

2. 引种栽培技术要点

现代标准茶园建设是以生态低碳茶园为标准，它对茶产业持续发展与生态保护具有长远意义。生态低碳茶园建设有它的标准体系。根据勐库大叶茶的特性以及当地栽培技术经验，提出以下要点。

（1）勐库大叶茶树根深叶茂，种植地块土层厚度须在1.2m以上。

（2）引种材料可以用原产于勐库镇各产茶村寨的原种茶籽，亦可用当地的扦插苗。

（3）勐库大叶茶由于树体高大，顶端优势强，分枝性能较差，着芽密度一般低于灌木小叶茶树。因此，栽种时可适当密植，种植规格是：双行单株种，大行距1.5~1.8m，小行距40 cm，株距30~35cm，每穴种1株，每亩栽苗2800~3000株；单行单株种，大行距1.5~1.6m，株距20~25cm，每穴种1株，每亩栽苗1400~1600株。

（4）控制茶树高度，扩大分枝。勐库大叶顶端优势强，定型修剪以剪主干枝为主，保留侧枝。当苗高30~40cm以上、茎粗4mm左右时，留高10~15cm为第一次剪；苗高40cm时，留高20~30cm为第二次剪；苗高60cm时，留高30~40cm为第三次剪。以后以采代剪，即采用分批多次采、采中养边的方法培养树冠。要求开采树蓬高达70~80cm，蓬幅90~100cm。树冠要修剪成平顶。一般种植后4~5年后即可全面开采。投产茶树云南每年于茶季结束后的11月下旬到12月中旬，剪去蓬面3~5cm的细弱枝。每隔4~5年进行一次深修剪，剪去树高的3/1~1/4。

（5）精准施肥，重施有机肥。有条件的测定茶园土壤中的养分含量，根据测定结果，确定施肥种类和用量。根据生态低碳茶园要求，一般施用氮肥（折合纯氮N）总量控制在225 kg/hm²以下；钾（K_2O）肥用量和磷（P_2O_5）肥用量控制在45 kg/hm²。根据云南茶区土壤有机质较丰富，而普遍缺乏氮磷钾的情况（见第一章第二节），以氮磷钾15：15：15的复合肥较好。施肥时间分别在春茶前的3月上中旬和春茶结束后的5月中下旬，亩施30~50kg。

有机肥能有效改善土壤的理化性质和生物活性，提高茶叶产量和品质。腐熟的畜禽肥有机质含量达30%左右，菜籽、大豆、油茶等饼粕肥有机质含量高达60%以上。有机肥作基肥于10月下旬到11月上旬施，这样翌年春茶肥料利用率最高。

（6）实施绿色防控。"预防为主、防治结合"的绿色防控，就是不用或尽量减少使用化学农药。现今绿色防控主要技术和设备有：环境友好型可降解诱虫色板，防治茶小绿叶蝉、茶园粉虱等害虫；天敌友好型LED杀虫灯，防治鳞翅目害虫，以尺蠖、茶毛虫等成虫为主，安装简单，使用年限长，每盏灯可以使用5~8

年；茶树害虫性诱捕器，防治尺蠖、茶毛虫等成虫，作业简单，诱捕效果好。

（7）老茶园换种改植勐库大叶茶。老茶园换种改植勐库大叶茶最经济有效的方法是采用嫁接法。被嫁接的植株叫砧木，用来嫁接的枝叫接穗。嫁接是利用砧木原有根系强盛的吸收力和丰富的贮藏物质，使接穗新生枝生长，从而达到快速成园的目的。据统计临沧、保山、普洱、西双版纳、德宏等茶区运用嫁接换种法进行的低产茶园改造，具有成活率高、投资少、成本低、见效快，经济效益高等优点。据测算，嫁接比挖去老茶树重新栽种约少投资50%，如种植一亩无性系品种新茶园需要投资3000元左右（不包括前期土地开垦等基础工作），而嫁接一般每亩投资1500元，而且嫁接可提前三年成园，收回投资仅一二年。同时还不会出现熟土栽培的土壤拮抗问题，原有茶园土壤不需要处理。

嫁接有高位嫁接和低位嫁接两种，前者多适合用于小乔木大叶品种，后者多用于灌木中小叶品种。小乔木型茶树高位嫁接离地约20~50cm，将枝干剪平，每株树保留3~5个直径1.0~3.0cm的健壮枝干，每亩可嫁接2500~3000个接穗。灌木型茶树离地8~15cm剪去所有枝干。

茶树嫁接换种（王兴华供）

（1）嫁接时间。在茶树地上部处于休眠期，接穗有健壮芽时进行。嫁接不宜在高温、烈日、雨天和寒冬进行。一般在立春前后10天最好，即1月10日—2月20日之间，5—10月次之，3月、4月、11月、12月不宜嫁接。

（2）嫁接方法。嫁接工具有枝剪、嫁接刀、小手锯、厚0.015mm白色薄膜等。

采用劈接法：用嫁接刀在砧木中部纵切，要求切缝长度与接穗斜楔面长度相等或略长，再将接穗嵌入两边或靠一边的韧皮部，要使砧木与接穗形成层吻合。形成层是生长最旺盛的部位，位于木质部和韧皮部之间，接穗可从外侧韧皮部和内侧木质部吸收营养物质和水分，使自身不断分裂，枝干增粗，从而长成新的植株。当接穗与砧木形成层对准后，用宽约3cm的白色薄膜自下而上扎紧，要把接口及接穗芽眼露出。5、6月份嫁接的用70%的遮阳网遮阳，至接穗成活长出新芽为止。

削成楔形的接穗（者跃达供）　　　　　　接口捆绑（者跃达供）

（3）嫁接管理。嫁接后的管理是嫁接成败和茶树能否快速生长的关键因子之一，主要进行以下管理。

①在接后1个月之内经常观察接芽情况，如果芽体膨大新鲜有活力，表示嫁接成活。嫁接后70天左右一般接口愈合，可一次性或分次解除捆绑膜带，以免嵌入接穗，影响生长。

②接穗在未长成枝条前必须将砧木上发出的不定芽全部抹（摘）去，如果不去除，长成枝条后会与接穗混杂，达不到品种更换的目的，失去嫁接意义。

③嫁接后每亩施氮磷钾各为15%的复合肥30~40kg。

④及时清除杂草和防治病虫害。

⑤高位嫁接的茶树，嫁接后当年不采摘，越冬前将顶部的嫩芽采去，第2年春茶留2~3叶采，夏秋茶留1叶采，第3年如果已达到原有茶树高度就可正常采摘。要同样做到分批多次采，采顶养边，扩大树冠。树冠高度控制在80~100cm（茶树嫁接方法详见云南科技出版社2018《云南高原特色茶树栽培》）。

第
二
节 野生茶树种质资源

一、 野生型茶树与栽培型茶树的区别

（一）茶树进化过程中的形态变异

主要表现在树型由乔木型变为小乔木型和灌木型，叶片由大叶变化为中叶、小叶，花冠由大到小，花瓣由丛瓣到单瓣，果壳由厚到薄，种皮由粗糙到光滑，叶肉硬化细胞由多到少（无）等。位于南亚热带雨林中的茶树，乔木或小乔木大叶型，位于北亚热带和暖温带的茶树为适应冬季寒冷和干旱的气候，茶树变为灌木中小叶型，也即灌木小叶型茶树比乔木或小乔木大叶型茶树处在进化后期。茶树的进化是不可逆转的，如灌木中小叶茶树即使生长在南亚热带条件下也不会长成乔木大叶茶树。

（二）野生型茶树与栽培型茶树

从茶树进化角度看，茶树不论是野生的或是人工栽培的，大体分属两类，一类是野生型茶树，一类是栽培型茶树。

1. 野生型茶树与野生茶树的区别

野生型茶树是指在系统发育过程中具有较原始特征特性的茶树，与进化程度有关，多数是自然生长状态，也有人工移植栽培的。野生茶树是指长期处于非人工栽培管理状态下的茶树，俗称荒野茶、丢荒茶、野茶，包括野生型茶树和栽培型茶树，与进化程度无关。

远眺大雪山

2. 栽培型茶树与栽培茶树的区别

栽培型茶树是指在系统发育过程中具有较强进化特征特性的茶树，与进化程度有关。栽培茶树是指处于人工栽培管理状态下的野生型或栽培型茶树，与进化程度无关。

（三）野生型茶树与栽培型茶树形态特征的区别

云南野生型茶树长期生长在特定的相对稳定的生态条件下，且多与木兰科、壳斗科、樟科、桑科、桦木科、山茶科等常绿宽叶林混生。由于保守性强，人工繁殖、迁徙成功率较低。但较少罹生病虫害。植物学分类上有大厂茶（*Camellia tachangensis* Zhang）、大理茶（*Camellia taliensis* Melchior）、厚轴茶（*Camellia crassicolumna* Chang）、老黑茶（*Camellia atrothea* Chang et Wang）等。

云南栽培型茶树是在长期的自然选择和人工栽培条件下形成的，变异十分复杂，它们的形态特征、品质、适应性和抗性差别都很大。就主体特征看，在植物学分类上多属于普洱茶[阿萨姆茶*Camellia sinensis* var. *assamica*（Master）Kitamura]、德宏茶（*Camellia sinensis* var. *dehungensis*）、白毛茶（*C.sinensis* var.*pubilimba* Chang）、茶[*Camellia sinensis*（L.）O .Ktze]和多脉普洱茶（*Camellia assamica* var. *polyneura* Chang）等。野生型与栽培型茶树的主要形态特征区别见表8。

表8　野生型与栽培型茶树形态特征主要区别

（中国古茶树 2016）

项目	野生型	栽培型
树体	乔木、小乔木，树姿多直立	小乔木、灌木，树姿多开张、半开张
叶片	叶大，长10~25cm，叶革质较厚脆，叶面平或微隆起，叶缘有稀钝齿或下缘无齿，叶背中脉无毛	大、中、小叶均有，叶长6~15cm，叶膜质较厚软，叶面多隆起或微隆起，叶缘有细锐齿，叶背中脉披毛
叶片结构	角质层厚，上表皮细胞大，栅栏细胞多为1层，海绵组织比例大，气孔稀疏。硬化细胞多、粗大，多呈树根形或星形，有的延伸至栅栏组织直至上表皮中	角质层薄，上表皮细胞较小，排列紧密，栅栏细胞多为2~3层，海绵组织比例小，气孔较狭小。硬化细胞无或少，呈骨形或短柱形
芽叶	越冬芽鳞片3~5枚或更多。芽叶绿或黄绿色，末端有紫红色，少毛或无毛	越冬芽鳞片2~3枚。芽叶绿、黄绿或淡绿色，多毛或少毛
花冠	直径4~8cm，花瓣8~15枚，白色，质厚	直径2~4cm，花瓣5~8枚，白色或微绿色，少数微红色，质薄
雄蕊	花丝约70~250条，粗长，花药大，无味	花丝约100~300条，细长，花药小，略有芳香味
雌蕊	子房有毛或无毛。柱头3~5裂或更多，以5裂居多	子房有毛或无毛，多数有毛。柱头2~4裂，以3裂居多
果	果径3~5cm，果皮厚0.2~1.2cm，皮木质化，硬韧，中轴粗大呈星形，果爿明显	果径2~4cm，果皮厚0.1~0.2cm，皮薄，较韧，中轴短细或退化，果爿薄小不明显
种子	种径2cm左右，种皮粗糙，褐或深褐色，有球形、锥形、不规则形，部分种脊有棱，种脐大，下凹	种径1~2cm，种皮光滑，棕色或棕褐色，多为球形或椭球形，种脐小，稍下凹
花粉	花粉粒大，近球形或扁球形，外壁纹饰为细网状，萌发孔为狭缝状或带沟状，极赤轴比>0.8。Ca含量>10%	花粉粒小，近球形或球形，外壁纹饰为粗网状，萌发孔为沟状，极赤轴比<0.8。Ca含量<5%
生化成分	氨基酸、茶多酚含量较低，EGCG比例偏小，苯丙氨酸含量偏高	氨基酸含量较高，茶多酚多在15%~35%，EGCG比例大，苯丙氨酸含量偏低
萜烯指数	多在0.7以上	多在0.7以下
染色体核型	以2A型为主，对称性较高	以2B型为主，对称性较低

二、野生大茶树

　　双江野生茶树主要分布在县西北部的邦马大雪山和东南部的仙人山，此外，在勐库镇的冰岛南迫和小户赛的茶山河、沙河乡的邦木大箐、勐勐镇的大浪坝箐等也有零星生长。在分类上皆属于大理茶种（*C.taliensis*）。

（一）大雪山野生大茶树

大雪山野生大茶树是目前双江自治县已发现的最大、最集中的大理茶群落，也是全国罕见的最高大的野生大茶树生长区。

1. 探秘野生大茶树

位于双江自治县和耿马傣族佤族自治县交界的邦马大雪山（双江境内属勐库镇管辖），主峰海拔3233.5m，境内原始森林遮天蔽日，人迹罕至，直径一二米的大树随处可见，低层长有箭竹。世居山民把大雪山大平掌称为"大茶山"。1960年前村民经常进山采茶，因茶叶质量较差，后停止采制。1984年，时任副县长的万云龙等在公弄豆腐寨还看到有村民用大茶树作"木扇"（用作盖房子的木瓦），足见大茶树的粗大。1992年后，大片竹子自然死亡，世代靠打猎为生的大户赛大中山杨正权进山狩猎，发现有大茶树，并向勐库镇豆腐寨王家村的张大贵讲述，张向县政府作了报告。1997年3月和8月勐库镇公弄办事处张云正、唐于进等人在海拔2500~2700m处发现有成片野生大茶树。为探个究竟，1997年10月县长俸国兴亲自率队前往考察。1998年3月临沧地区行署组织了林业、农业、茶叶、媒体等多家单位，由行署副专员陈勋儒、地区农业局长张涛、副县长张华率领进山调查，初步明确了野生大茶树的形态特征和分布范围。2002年12月5—8日县政府组织了近百人的科技工作者和后勤人员，在县委副书记胡明学、副县长姚云昆率领下进入到大雪山的大平掌处考察，带山的向导是时龄57岁的大户赛村民字正权。参加考察的茶业科技人员有虞富莲、蔡新、王平盛、江鸿键、张俊、曾云荣等以及植物分类和植物地理学家闵天禄。考察论证结论摘录于后。

（1）野生大茶树群落位于大雪山中上部，分布面积约847hm²，茶树生长的海拔高度在2200~2750m。茶树所处环境条件和植被主要特点是：①植被类型属于南亚热带山地季雨林，主要标志是植物板状根较发达（如樟科、壳斗科），木质藤冠群落十分显着（如南五味子属），附生植物丰富（如兰科、杜鹃科、蕨类等）。②群落结构主要建群树种为木兰科、樟科、壳斗科（壳斗科、樟科、木兰

科、山茶科等被植物学家认为是亚热带常绿阔叶林的建群种和优势种），并构成一级乔木层。二级乔木层以野生大茶树为优势，此外还有五加科、茜草科、桑科等。林下大面积箭竹枯死。草本层主要有荨麻科等。

（2）在调查范围内大茶树群落所处地是原生的自然植被，且保存完好，未受人为破坏，自然更新力强，生物多样性极为丰富。在云南保存如此完好的原始植被实属少见，具有重要的科学和保存价值，是云南生物多样性中心之一。

（3）据对大平掌近2km²地域内有代表性的25株茶树调查，茶树的生长密度为62m²样方内有15株，其中树干直径>25cm的有8株，<10cm的有11株，达到构成植物自然群落的要求。茶树树姿多为直立状，样株最低分枝高度在0.8~5.8m，是典型的乔木型茶树。茶树属于大理茶（*C. taliensis.*），在进化上比普洱茶种（*C. sinensis* var. *assamica*）的勐库大叶茶原始。

（4）大雪山大茶树是目前国内外已发现的海拔最高、密度最大、数量最多的大理茶群落，它对研究茶树的起源、演变、分类和进行种质创新都具有重要价值。

大理茶主要分布在哀牢山西部的滇西和滇西南以及中南半岛的北部，是分布最广、数量最多的野生型茶树，所以，滇西和滇西南是大理茶的起源地。双江自治县南北部都有生长，是属于大理茶的起源地范围。

2. 野生大茶树形态特征

根据考察部分编号的茶树形态特征，表明大雪山茶树是目前树体最高大（最高30.8m）、树幅最宽（最宽15.6m×15.4m）、离地80cm处直径最粗（最大98.7cm）、平均最低分枝高度最高（2.9m）的野生型大茶树，具有大理茶的典型特征。

（二）大雪山野生大茶树样株举例

大理茶叶片与果实

1. 大雪山 1 号大茶树

C.taliensis

 海拔2683m。

野生型。乔木型，树姿直立，分枝中，树高25.8m，树幅12.6m×10.5m，离地80cm处干径98.7cm，最低分枝高0.8m。

嫩枝无毛。鳞片紫红色，芽叶绿紫色、无毛。特大叶，叶长宽13.7cm×6.3cm，叶椭圆形，叶色深绿有光泽，叶身平，叶面平，叶尖渐尖，叶脉9~10对，叶齿锐、稀、中，叶缘近1/2无齿，叶柄和叶背主脉无毛，叶质较硬脆。

萼片5片、无毛。花冠直径4.5cm×4.0cm，最大花冠直径5.8cm×5.0cm，花瓣11枚、白色，花瓣质厚，花柱5~6裂，子房多毛、5（6）室。

大雪山 1 号大茶树（2002 年）

2. 大雪山 2 号大茶树

C.taliensis

📍 海拔2652m。

🌿 野生型。乔木型，树姿直立，树高30.8m，树幅12.9m×9.5m，离地80cm处干径57.0cm，分枝密度中，长势强。

🍃 嫩枝无毛。芽叶基部紫红色、无毛。大叶，叶长宽13.6cm×6.0cm，最大叶长宽19.4cm×7.1cm，叶椭圆形，叶色绿有光泽，叶身平，叶面平，叶尖渐尖，叶脉9~11对，叶齿锐、稀、中，叶缘1/3无齿，叶质较厚脆。

🌼 萼片5片、无毛。花冠直径4.5cm×4.2cm，花瓣10~12枚、白色，花柱5裂，子房毛特多、5室。

大雪山 2 号大茶树（2002 年）

3. 大雪山 3 号大茶树

C.taliensis）

📍 海拔2650m。

🌱 野生型。乔木型，树姿直立，树高19.2m，树幅14.5m×12.7m，干径83.4m，最低分枝高度1.2m，分枝密度中，长势强。嫩枝无毛。

🌿 芽叶基部紫红色、无毛。大叶，叶长宽12.7cm×5.7cm，叶椭圆形，叶色绿有光泽，叶面平，叶身稍内折，叶尖渐尖，叶脉9~10对，叶齿锐、稀、浅，叶缘1/2~1/4无齿，叶质较厚脆。

❀ 萼片5片、无毛。花冠直径4.5cm×3.8cm，花瓣10枚、白色，花柱5裂，子房毛特多、5室。

大雪山 3 号大茶树（2002 年）

4. 南迫大理茶

C.taliensis

📍 南迫大茶树生长在距冰岛老寨约4km海拔1827m的南迫村口，与大雪山直线距离约40km，目前南迫村仅发现这一株野生型茶树。勐库镇所处村寨是大雪山东延部分，与大雪山腹地一样，以前同样可能生长有许多大理茶，后经人为的"择优汰劣"，以及大量栽培勐库大叶茶，大理茶遂被逐步淘汰，所以南迫大理茶很可能是大理茶的"遗孤"。此外，在勐库镇的其他村寨也未发现大理茶。

🌱 茶树野生型。乔木型，树姿直立，树高10.5m，树幅4.0m×3.9m，干径77cm，最低分枝高度1.4m，分枝较密。

🍃 嫩枝无毛。芽叶绿色、无毛。大叶，叶长宽11.6cm×5.4cm，叶椭圆形，叶色绿，叶身平，叶面稍隆起，叶尖渐尖，叶脉8~9对，叶齿锐、稀、浅，叶缘近2/3无齿，叶背主脉无毛，叶质中。

🌼 萼片5-7片、无毛。花冠直径5.2cm×4.6cm，花瓣9~11枚、白色，花瓣质中，花柱5裂，子房有毛、5室。

🍂 果四方状球形，果径5.3cm×4.9cm，种子球形或不规则形，种径1.7cm×1.6cm，种皮棕褐色，种子百粒重241g。

南迫大理茶

5. 连体树

📍 在大雪山大平掌海拔2600m处，有两株不同种的山茶属植物连生在一起，是罕见的自然融合体。连体树的右侧是大理茶（属山茶属茶组Sect.Thea），左侧是蒙自山茶（*C. yunnanensis*，属山茶属离蕊茶组Sect.Corallina）。

🌱 大理茶树高26.3m，树幅11.7m，主干直径64.0cm；蒙自山茶高16.3m，树幅18.6m，主干直径60.0cm。两株树连生处直径105.1cm，连生处离地高4.6m。

🌱 大理茶与蒙自山茶虽连体百余年，但各按自己的特性生长，两者除了树干外观较相似外，形态特征有明显差别，如大理茶的叶片长宽为14.3cm×5.5cm，叶色绿有光泽，叶面及叶身平，叶缘1/2无齿。

🌸 萼片无毛，花冠直径3.7cm×3.3cm，花瓣白色、11枚，子房多毛，柱头5裂等，仍是典型的大理茶形态特征。

🌱 蒙自山茶幼枝披黄色茸毛，幼芽呈紫红色，叶片小，叶薄革质，叶色深绿无光泽，叶脉微凹，主脉披毛。

未见有"无性杂交"的融合或互斥性状，可见山茶属植物的遗传保守性是很强的。因没有花果，对它们的后代会怎样变异，还不清楚。该连体树具有重要的保存和研究价值。

大理茶与蒙自山茶连体树（2002年）

（三）仙人山野生大茶树

与邦马大雪山遥相对应的县东南境马鞍山，位于澜沧江西岸。马鞍山崇山峻岭，原始森林茂密，其中的支脉仙人山亦多处生长野生大茶树。例举样株介绍如下。

1. 冒水大茶树

C .taliensis

📍 产邦丙乡崖水箐，海拔2481m。

🌿 野生型。乔木型，树姿直立，树高7.7m，树幅3.5m×3.0m，干径30.1cm，最低分枝高度1.0m，长势强。

✒ 芽叶绿色、无毛。特大叶，叶长宽19.2cm×7.7cm，最大叶长宽22.0cm×8.0cm，叶椭圆形，叶色绿黄，叶身稍内折，叶面平，叶尖钝尖，叶脉8~11对，叶齿锐、稀、浅，叶缘1/2无齿，叶质较厚脆。

✾ 萼片5片、无毛。花冠直径5.0cm×4.6cm，花瓣9枚、白色、质厚，花柱5~4裂，子房多毛、5（4）室。

◉ 种子特大，种径2.5cm×2.1cm，种皮棕色。

冒水大茶树

2. 羊圈房大茶树

C. taliensis

📍 产邦丙乡仙人山北，海拔2483m。

🌿 野生型。乔木型，树姿直立，树高7.9m，树幅3.5m×3.2m，干径55.0cm，长势强。

🍃 芽叶绿色、无毛。特大叶，叶长宽15.5cm×6.7cm，叶椭圆形，叶色深绿，叶身内折，叶面平，叶尖渐尖，叶脉8~9对，叶齿锐、稀、浅，叶质厚脆，叶背主脉无毛。

🌼 萼片5片、无毛。花冠直径5.4cm×4.6cm，花瓣10枚、白色，花柱5裂，子房毛多、5室。

羊圈房大茶树

3. 大丙山大茶树

C. taliensis

产邦丙乡大丙山，海拔2483m。

野生型。乔木型，树姿直立，树高7.9m（顶部已砍），树幅3.5m×3.2m，干径55.0cm，长势强。

芽叶绿色、无毛。特大叶，叶长宽19.2cm×7.7cm，最大叶长宽22.0cm×8.0cm，叶椭圆形，叶色绿黄，叶身稍内折，叶面平，叶尖钝尖，叶脉8~11对，叶齿锐、稀、浅，叶缘1/2无齿，叶质较厚脆。

萼片5片、无毛。花冠直径5.0cm×4.6cm，花瓣9枚、白色、质厚，花柱5（4）裂，子房多毛、5（4）室。

种子特大，种径2.5cm×2.1cm，种皮棕色。

大丙山大茶树

4. 崖水箐大茶树

C. taliensis

📍 又名茶山河大茶树。产邦丙乡崖水箐，海拔2481m。

🌿 野生型。乔木型，树姿直立，树高7.7m，树幅3.5m×3.0m，干径30.1cm，最低分枝高度1.0m，长势强。

🍃 芽叶绿色、无毛。特大叶，叶长宽19.2cm×7.7cm，最大叶长宽22.0cm×8.0cm，叶椭圆形，叶色绿黄，叶身稍内折，叶面平，叶尖钝尖，叶脉8~11对，叶齿锐、稀、浅，叶缘1/2无齿，叶质较厚脆。

❀ 萼片5片、无毛。花冠直径5.0cm×4.6cm，花瓣9枚、白色、质厚，花柱5（4）裂，子房多毛、5（4）室。

种子特大，种径2.5cm×2.1cm，种皮棕色。

崖水箐大茶树

三、野生大茶树生化成分与制茶品质

据测定，大理茶虽含有齐全的生化成分，可以加工除了白茶（大理茶没有茸毛）、乌龙茶以外的茶类。但由于生化成分总体含量低，且各成分比例不够协调，比如儿茶素总量偏低，简单儿茶素比例较高，都会影响制茶品质。相对而言，由于酚氨比小，制绿茶（晒青茶）相对好于红茶，但总体品质，尤其是醇厚度、鲜爽度不及勐库大叶茶，有的还带有不悦的异味，有的饮后感觉不适。从保护野生茶资源以及茶叶品质差的情况看，目前不论是大雪山或仙人山的野生茶树都不宜采制商品茶。

表9　野生大茶树生化成分　　　　　单位：m;%

样品		海拔高度	水浸出物（35~45）	茶多酚（15~25）	儿茶素（13~18）	氨基酸（2~4）	咖啡碱（3~4）	茶氨酸（0.5~3）
野生大茶树	大雪山	2662	49.3	20.8	10.9	4.7	3.15	2.290
	仙人山	2460	49.2	23.4	10.5	4.2	2.74	2.081
勐库大叶茶	勐库镇	1790	49.3	25.7	18.4	4.1	3.8	2.654

由表9可知：

1.野生大茶树与勐库大叶茶一样，水浸出物含量都在49%以上。

2.茶多酚含量在正常值范围，但低于勐库大叶茶。

3.野生大茶树儿茶素含量明显低于勐库大叶茶，这是野生茶树制茶品质不及勐库大叶茶醇厚鲜爽的重要原因之一。

4.野生大茶树氨基酸含量都≥4%，平均含量达到4.4%。表明野生型茶树中有高氨基酸材料。但茶氨酸含量低于勐库大叶茶。

5.野生大茶树咖啡碱含量偏低，尤其是仙人山茶树，这是野生大茶树茶汤醇厚度显淡薄的原因之一。咖啡碱是含氮化合物，野生茶树的生存土壤氮元素一般要低于栽培环境下的土壤。

综上所述，大雪山和仙人山野生茶树，生化成分齐全，但总体水平偏低，

各组分的协调性不够，这是野生茶品质次于勐库大叶茶的主要原因。当然也不乏

如氨基酸一些高含量成分的，这是野生茶树资源可供育种和创新利用的基础。不过，从保护野生茶树以及野生茶品质差的情况看，不论是大雪山或仙人山的野生茶树都不宜采制商品茶。

前已所述，大理茶含有齐全的生化成分，可以加工除了白茶（大理茶没有茸毛）、乌龙茶以外的茶类。但由于生化成分总体含量低，且各成分比例不够协调，比如儿茶素总量偏低，简单儿茶素比例较高，都会影响制茶品质。相对而言，由于酚氨比小（4~6），制绿茶（晒青茶）要好于红茶。但总体品质，尤其是醇厚度、鲜爽度不及勐库大叶茶，有的还带有不悦的异味。从保护野生茶资源以及茶叶品质差

大户寨李荣林 2004 年用大雪山野生茶树采制的普洱茶（2013 年）

的情况看，目前，不论是大雪山或仙人山的野生茶树都不宜采制商品茶。

四、野生大茶树资源的利用与保护

（一）开发利用

到目前止，大理茶野生茶树资源开发利用研究很少。中国科学院昆明植物研究所张颖君、杨崇仁从大理茶中首次发现鞣花丹宁类化合物大理茶素。该所高大方等对来自云县大宗山野生大理茶种的化学成分研究表明，大理茶中富含水解单宁，其中，含有一种被新命名为"大理茶素"的1，2-二-O-没食子酰基-4，6-（S）-O-HHDP-葡萄糖（1）的化合物，含量高达2.44%，该化合物在其它茶组植物中均未曾发现，为大理茶种所特有。通过抗氧化性研究发现，该化合物在清除自由基和抑制黑色素形成等抗氧化活性方面具有较强的活性。由此可见，大理茶的一些成分对人体是有益处的。

（二）资源保护

野生大茶树是一个地方历史的见证者，它们以顽强的生命力，默默守护着深山偏壤，它的年轮和斑驳的身躯，记录和传递着各个历史时期的信息，它是人与自然和谐的碑石，所以保护野生大茶树应受到全社会的重视。近年来，双江自治县在野生茶树资源保护工作方面作出了卓有成效的工作，如于2015年申报了"双江古茶山国家森林公园"，其中469hm^{2}的勐库古茶山片区规划为"澜沧江自然保护区古茶山实验区"；建立了云南省省级大叶茶树双江种质资源圃，妥善保存了勐库大叶茶，保证了勐库大叶茶的多样性和真实性，防止了资源的丢失和灭绝；制定了"双江自治县古茶树保护管理条例和实施细则"。通过立法，明确了古茶树属地责任，划定了保护范围，设立了保护标志，建立古茶树数字化档案。使古茶树保护工作走向法制化、标准化、科学化、规范化。

根据云南省人大常委会2022年立法的《云南省古茶树保护条例》，需要在做好原生境保护基础上，在古茶林核心区块划定一定数量范围作为重点保护区，实施更严格的封闭式保护，严禁放牧、游人等抵近活动，以更好地保护野生古茶林生态系统的完整性和永久性。鉴于大雪山横亘于双江、耿马两县间，野生大茶

树群落举世罕见，自然与生物景观独特，更需要两县互动，共同保护；仙人山古茶树群落距离人们的活动圈较近，部分古茶树常受到垦伐、采摘、放牧等影响，又位于"双江渡口"附近，周边旅游资源丰富。所以在现有"国家森林公园"规划基础上，要设立"云南省大雪山野生大茶树群落专管区""仙人山野生茶生态修复区"。在做好核心区块保护的基础上，划出一小范围建立"野生古茶树文化公园"，作为茶人和旅游者的打卡点、茶游学的基地。同时要研究古茶树复壮技术，以备衰老和濒危古茶树的复壮或挽救。

第五章

勐库茶香飘世界

第一节 名企名茶名牌

　　双江得天独厚的自然条件，丰富的种质资源，优良的勐库大叶栽培品种，悠久的种茶制茶历史以及深厚的茶文化底蕴，孕育了本土多个茶叶企业。他们采用精湛的加工工艺将勐库大叶茶的优良品质发挥到了顶点，做到了产品多元化；他们一手牵着千家万户的茶农，一手连着广阔的市场，构起了生产者与消费者之间的桥梁；他们把勐库大叶茶打造成乡村支柱产业，在茶农增收致富中起着不可或缺的作用；他们有的返哺农业，回报社会，在推进农业现代化中做出了贡献。现择几个茶叶企业的自我介绍于下。

〰️ 同睿堂
——最"简单"与最"复杂"

同睿堂品牌创建于2013年，至今已走过十年历程。在整个风起云涌、纷扰不断的茶行业里，一直走得"坚定与扎实"。也正是因为这份努力与坚持，让同睿堂的茶品质"有目共睹"，收获了业界的一致肯定与诸多赞誉，且被茶友们深深喜爱着。

同睿堂秉承冰岛古树茶的珍贵传承，专注于古法制茶工艺的创造性恢复。以复兴中国茶为己任，致力于茶文化的传播与弘扬，力求打造中国最顶级的茶品牌。

● 从"简单"出发

同睿堂创始人于早年就开始接触茶，平常就喜欢品茶、评茶、研究茶。家里的藏茶堆成了"小山"，几个屋子都不够放。对于他来说，茶已成为了生活中不可或缺的一部分。凭着这份对茶的执著和痴迷，让他一直想寻找一杯真正的好茶。于是，他背起行囊，翻山越岭，走遍了大大小小的茶产区，最后辗转来到冰岛老寨，为的是"一探究竟"！

在当地深入农户，体验茶农生活，细心研究了冰岛古茶园的一棵棵茶树，品味过每一片茶叶的味道。同时帮助村民建房、修路，克服了种种困难。最终，使同睿堂破例成为冰岛老寨第47户居民。随后，他收购了一片属于自己的冰岛老寨古树茶园，在这片土地上有了自己的名字，开启了一段茶路追梦之旅。

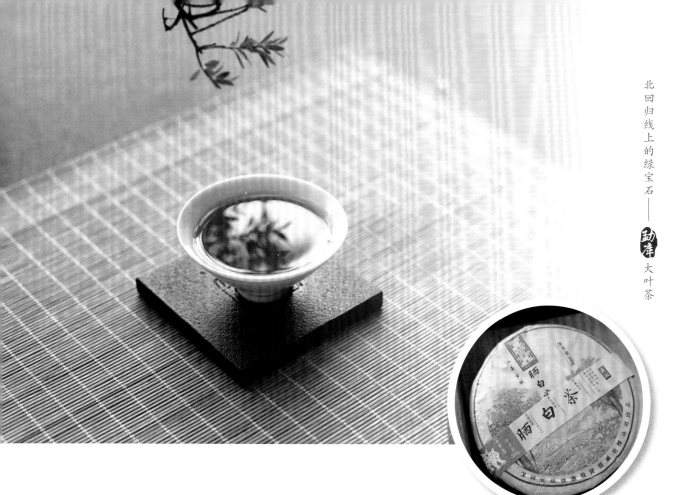

● 不惧"繁复",不断探索

从简单到复杂是成长、是探索、是精益求精的追求。在传统手工晒红工艺几近失传和被人遗忘的时候,创始人带领团队沉下心来,创造性地恢复这一制茶工艺。

从2016年第一款"冰岛古树晒红茶"的推出,用了整整五年的时间来试制和打磨。到2021年推出"冰岛古树晒白茶",同样又经过了整整五年的潜心钻研。在不断地探索与尝试中,锲而不舍,经过一次次的失败、探索与改良,终于做出了自己想要的"味道"。

同睿堂创始人陈先生说:"既然选择做冰岛茶,我们就要做品质最好的。"力争把握好每一个细节,把每一道工序都做到极致。在制茶技法上一直不断迭代、精进,使得茶的品质和口感不断提升和超越。为的就是让珍稀的"冰岛茶"呈现出它最完美的状态。

上好原料与匠心工艺珠联璧合,才缔造出同睿堂冰岛古树茶独一无二的顶级品质。

● 再次回归"简单"

多年来，在公司管理层的带领下，同睿堂不好大喜功，不贪多求大，只专心做好属于自己的冰岛茶。从茶园到茶杯，一直严格把控茶叶品质。

同睿堂自有古树茶园和茶工坊，由自己的团队维护和管理的。茶园悉心养护，环境生态化，确保茶叶的高质量和好品质。茶工坊环境优美，干净整洁，设施设备齐全，操作规范化，在行业内一直被称作"高标准"。

从鲜叶挑选到成品完成，用心制作每一片茶叶，追求一款极致的好茶，让同睿堂再次回归到"简单"。因而被《中国日报》赞誉为："最天然、最质朴、最纯粹的同睿堂冰岛古树茶"。

● 茶品"与众不同"

目前同睿堂旗下拥有的核心产品：冰岛古树生普、冰岛古树晒红茶、冰岛古树晒白茶、冰岛谷花茶、古树熟茶等几个大类。

无论现今市场上成千上万的茶品怎样，但同睿堂的冰岛茶仍然是独具特色的。其"适宜的发酵度＋纯手工古法制茶工艺＋珍稀的原材料"这三个条件齐备，才成就了这一杯难得的冰岛茶。它甜得恰到好处，润得恰如其分，醇厚行于所当行，气韵止于所当。

同睿堂的冰岛古树生普和冰岛古树晒红茶，还与众多珍贵的号级茶、印级茶一起参与了"北京保利2022年度秋拍"，2013年份冰岛古树普洱茶（1公斤）最终以310500元成交。2016/2017年份冰岛古树晒红茶（2公斤）最终以264500元成交。正式成为"藏品名茶"中的一员，再次刷新了业界"顶级茶"的定义。同时，也倍受普洱茶发烧友们的关注。

● 收获"赞誉"无数

"同睿堂冰岛古树晒红茶",工艺源自光绪年间胡秉枢初撰的《茶务佥载》,曾被《三联生活周刊》评价为"红茶之极境"。曾获得英国皇室、印度著名茶商、日本茶最高专业水平的"日本京都茶协"和丰臣秀吉家族贡茶司500年茶企"上林三入家"的极高赞誉。2017年在《三联生活周刊》发起的"首届中国茶生活年会"中,同睿堂荣获"中国茶匠人匠心奖"。2019年入选商务部和央视《信用中国》推荐品牌。

● 茶山——茶仓——茶空间

同睿堂的"茶山"行，基本是每年必不可少的"项目"，公司团队带着会员们亲自去到茶山，去到茶的"源头"，去探访每一棵茶树。在那里一起体验，一起感受，一起见证！

同睿堂的茶仓位于云南昆明，拥有世博生态茶仓和春城湖畔茶仓两处。这里气温适宜，环境优美，科学的仓储更有利于茶品的存放与转化。

同睿堂茶空间位于华侨城燕晗高地，被誉为隐于山间的"世外桃源"，绿意嫣然，林木环绕，占地一千多平方米，宽敞明亮，高雅宁静，集合了人文情怀和自然气息。茶空间也参与举办了各类音乐会、品鉴会、研讨会、画展及艺术巡展。

用一杯茶连接美好生活，传承和弘扬茶文化，向大众传递健康、时尚的生活方式，就是同睿堂的追求和理念。

津乔
匠制纯粹好茶

在三代人的传承与坚守中，津乔成长为品质普洱茶典范品牌和临沧茶区代表性优质品牌。津乔拥有以冰岛老寨的两个核心古茶园为代表的10余块优质古茶树基地，得天独厚的源头茶原料优势加上传承60载的制茶工艺，缔造了冰岛系列为首的13个系列共100余款茶品，涉及普洱生茶、普洱熟茶、红茶、白茶、绿茶、调饮茶等。

● **好原料** 源自津乔冰岛老寨古茶园

　　走进津乔茶业总部，你一定会感叹，厚重的历史底蕴扑面而来，处处洁净清爽且有序，茶香氤氲，让人心旷神怡。津乔前身是国营勐库华侨农场茶厂，诞生于1962年，走过了半个多世纪。2007年，杨国成先生创立津乔茶业，至今有15载品牌运营的经历。

　　津乔茶业位于临沧市双江自治县勐库镇，临沧茶区被誉为"天下茶仓"，这里是勐库大叶茶发源地。津乔的茶园掩映在澜沧江两岸的深山密林里，云雾缭绕，茶树与各种灌木、苔藓、花草共同生长，种类繁多的昆虫、动物也在此栖息。津乔茶业总经理杨绍巍介绍，津乔一直采用"野放+适当除草"的模式，最大限度守护茶山的生态环境，从源头做到了茶原料的自然生态和优质。

津乔很早就在冰岛老寨拿下了冰岛老寨古茶园1号基地和2号基地，总面积30亩，有100余株古茶树和诸多的老树乔木，成为冰岛老寨核心区掌控古树资源最大的专业制茶品牌。津乔最为人津津乐道的冰岛系列产品滋味绝佳，极富"冰糖水甜"的口感和"柔中带刚"的山野气韵。

津乔茶业在原料上的优势不止于此，除了冰岛老寨古茶园，还有2600亩高山优质生态古茶园和11000亩高山有机茶园，分布于勐库东半山和勐库大雪山。勐库东半山是著名藤条茶生长区域，而勐库大雪山有野生古茶种群落，这里的茶香甜细腻、滋味饱满、底蕴深厚，是勐库茶区的正统典范。

● 匠做 传承工艺精髓

六十年来，津乔沿袭茶叶传统制作工艺，融入现代化制茶的要求，并结合津乔品牌的精细化标准，制定出津乔独有的茶叶加工流程及标准。

多年来，津乔茶业一直非常重视产品品质。为了让制茶师更好地专注于产品，一个更极致的空间必不可少。津乔基于工艺师的制作习惯，为他们准备最合适的操作设备，让整个茶叶制作变得更像是一种爱好。只有这样，"匠心"在此，"匠人"们在这里打造真正的"匠作"。杨绍巍说："美是无极限的，但我们仍然要去追求，追求的过程即是美。因此我们呈现的是过程、是心态、是意境、是心灵，而不是单单的一个有限场所。匠作空间，也就是生产无限美的空间。"

每年的津乔"寻茶季®"，广大茶友从"茶杯"回到"茶园"，也回到"匠作工厂"，从勐库丰富的古茶树资源与文化历史，深度感受一杯茶背后的精细制作工艺和深厚的文化底蕴。

每年的春茶季，杨绍巍的父亲杨国成就在这个匠作空间严阵以待。每天采摘的鲜叶正是在他的精细指导之下开始撒摊、摊晾、入锅、杀青、温控、出锅、散热、揉捻……每一步都不容有失。杨国成说："做任何事情，自己首先要精通，一杯茶过不了我这关，就不会把它推出去。"

老爷子制茶一辈子，熟悉每一个流程，亲自把控细节，常常到凌晨两三点，还坚守在制茶第一线。这份认真与严谨，感染了津乔每一位成员，也让一群人对于好茶产生致敬，精益求精，用最好的工艺，最极致的匠心来对待每一片茶叶。

● 以标杆产品引领市场

如今的津乔，始终坚持纯正原料、传统工艺、现代设计，形成多品类的产品矩阵，旗下既有普洱生茶、普洱熟茶，也有高端红茶、白茶、绿茶、调饮茶等，涵盖大众、专业、顶级三大领域。杨绍巍坦言："一个品牌要有对茶的理解，津乔以生普为主线，也有熟普、红茶、白茶、调饮茶等，品牌有足够丰富的产品，让不同的人在不同的季节、不同的时间喝到不同的好茶。"他感叹："一

代人做茶有一代人做茶的样子，每一代人应该把茶做出新的高度。云南的古树茶有它的底蕴、力量，当你感受过云南茶的震撼力，你会认为云南茶值得做出新的高度！"

说到津乔的标杆产品，冰岛系列是众多茶友的心头好茶，津乔拥有冰岛老寨核心古树茶资源优势，沿袭茶叶传统制作工艺，融入现代化制茶的要求，纯粹的冰岛滋味尽在舌尖，韵、厚、甘、气、雅，呈现普洱茶极致韵味。冰岛公园1485®，臻选津乔冰岛老寨核心区古茶园种植于1485年间26棵单株，"一树一制，一饼一藏"，是值得臻藏的传承级作品。

津乔印象®，是已经出品12年的经典之作，选用了小户赛的好原料，加上高标准的工艺，香丰、味醇、气足、山野韵，俘获了诸多茶友。杨绍巍说，这是每年被茶友品饮消耗得最多的纯料古树生茶，是津乔品质的符号代表。

津乔叁伍柒®系列，是诸多茶友的经典日常茶，汇聚了勐库5个茶区的茶，拼配堪称经典。而津味小青柑，从2016年推出以来就深受茶友喜欢，斩获了"特等金奖""金奖"等多项殊荣。杨绍巍介绍，津味小青柑选用新会最优质的柑，搭配3年以上的好熟茶，香气是外衣，汤感是支撑，是符合津乔品牌定位的精品。

● **津乔茶空间** 引领一种茶生活

目前，津乔在全国40多个城市开设专营店，拥有100多个销售点。2022年，津乔在昆明的恒隆广场和南亚风情园这两大商圈推出津乔茶空间。杨绍巍说："过去我认为，普洱茶缺乏仪式感，需要再精细一些。今天来看，我们还要让它融入生活，让更多人的生活因为有茶，更有滋有味，津乔致力于做这样的推动者。"

走进津乔恒隆店，竹影绰约，宛如艺术展。南亚店食三层小楼，轻盈雅致，阳光充足。如此纯粹的茶空间，加上津乔100余款茶品，有传统的饼茶、砖茶，还有非常便捷的薄片茶、小方印、小巧玲珑的陈皮丸，也不乏年轻人喜爱的松露熟普等特调茶。

"未来消费者不单是消费味道，更是消费以味道为基础的综合体验，各个品牌都在塑造不同的审美体验。"杨绍巍认为，伴随着茶文化的复兴，茶融入到大众的生活中，有积淀的茶品牌打造的茶空间会迎来更多的机会。

泡一壶心仪已久的好茶，白瓷盏，水晶壶，建水紫陶，冲泡的过程，茶器、茶席都让茶友们眼前一亮，越来越多的茶友通过津乔的茶空间，了解、体验到如此丰富迷人的云南茶滋味。津乔茶空间，有丰富的体验；品饮津乔匠制纯粹好茶，有厚重的茶文化，有愉悦的社交，引领一种茶生活……

存木香茶业

一、公司简介

　　存木香（全称云南双江存木香茶业有限公司），成立于2011年，总部设于北回归线横穿地带澜沧江中游地区，世界茶树发源地，中国勐库大叶茶原生地，被誉为中国最美茶乡之地的临沧市双江自治县，是一家集拥有古茶树古茶园基地、手工初制、精制加工、技术研发、产品销售、定制仓储、品牌连锁、文化输出于一体的，以拉祜族为主的，专注生产古树普洱茶的民族茶企。

主要经营精制茶加工、茶叶种植、茶饮料及其他饮料、工艺美术品的制造；酒、饮料及茶叶、农副产品、服装、工艺品的销售；营养品和保健品零售；其他农副食品加工；茶馆、会议及展览的服务；文艺创作与表演；农业技术的研究、推广及应用；网上贸易代理；航运旅游、文化旅游、商务旅行、工业旅游、农业观光旅游。

存木香品牌创始人是双江土生土长的血统纯正的拉祜族制茶人罗成英女士，她始终坚持用拉祜族祖祖辈辈传下来的手艺制好茶，秉承"精心做茶、精细做茶、精制做茶"的制茶理念，探索并建立"公司+茶园+专业合作社+农户+贫困户"及"线下体验实体门店+线上互联网销售平台"的"五位两性一体"的产业发展新模式。

历经十余年的发展，企业现已掌控优质稀缺古树茶园基地12000余亩，主要分布于冰岛地界、邦界拉祜寨、沙河陈家寨、勐勐同化村、邦迈村等五个勐库大叶种古树茶核心区域，下辖5个茶叶初制加工厂，1个精制茶厂，8个线下实体品牌体验直营店；公司目前已成功研制生产出四大系列共30余款茶品产品，产品在北京、上海、广州等地多次荣获奖项，备受消费者青睐！

二、公司历年获得的荣誉

2019 年获得临沧市人民政府颁发的临沧市农业产业化重点龙头企业。

2020 年获得中共双江自治县县委县政府颁发的脱贫攻坚工作社会扶贫先进集体。

2020 年获得双江自治县人力资源和社会保障局和县扶贫办授予县就业扶贫车间。

2020 年获得临沧市妇女联合会授予"巾帼农业示范基地"。

2020 年在抗击新冠肺炎疫情期间获红十字会开展人道救助工作荣誉表彰。

临沧市茶叶行业协会副会长单位。

民族贸易企业。

2020 年与东方航空食品投资有限公司成功签约"东航那杯茶"合作企业临沧市高级技工学校校企合作单位。

2021 年获得双江自治县科学技术协会颁发的科学技术普及示范点。

2021 年获得云南省科学技术协会和云南省财政厅颁发的"科普示范基地"。

2021 年获得云南省人民政府颁发的临沧市农业产业化重点龙头企业。

2021 年在抗击新冠肺炎疫情期间获红十字会开展人道救助工作荣誉表彰。

2021 年获得云南省档案馆颁发的品牌普洱茶收藏证书。

2022 年云南省农业农村厅授予双江存木香茶叶农民专业合作社为云南省农民合作社省级示范社。

2022 年经云南省农业产业化经营协调领导小组认定为农业产业化省级重点龙头企业。

三、公司获奖产品

存木香"冰岛地界"古树茶荣获2014年第四届中国国际茶业及茶艺博览会"银奖"。

存木香"茗古约定"古树茶荣获2014年中国（上海）国际茶业博览会"中国名茶"评选"银奖"。

存木香"拉祜寨"古树茶荣获2014年中国（上海）国际茶业博览会"中国名茶"评选"金奖"。

存木香"西岭藏问"古树茶荣获中国（上海）国际茶业博览会"2015年中国好茶叶"质量评选"金奖"。

存木香"羊茗天下"古树茶荣获中国（上海）国际茶业博览会"2015年中国好茶叶"质量评选"金奖"。

　　存木香"拉祜寨"古树茶荣获2019 年第二十六届上海国际茶文化旅游节"中国名茶金奖"。

　　存木香"拉祜印象"古树纯料生茶荣获2020 年中国昆明国际茶产业博览交易会"中普茶杯"云南第二届少数民族风情斗茶大赛"生茶组金奖"。

　　存木香"古树滇红"红茶荣获2020 年中国昆明国际茶产业博览交易会"中普茶杯"云南第二届少数民族风情斗茶大赛"红茶组金奖"。

　　存木香"冰岛地界"普洱茶生茶荣获2021 年中国国际（昆明）茶产业博览交易会"中普杯"第三届民族风情斗茶大赛"生茶组金奖"。

　　存木香"冰岛地界"普洱茶生茶荣获2021 年中国国际（昆明）茶产业博览交易会"中普杯"第三届民族风情斗茶大赛"生茶组银奖"。

　　2021 年在两岸斗茶茶王赛中，选送茶样荣获"普洱茶生普优质奖"。

四、质量认证

2021 年云南双江存木香茶叶勐勐镇同化村820 亩基地取得有机产品认证证书。

2021 年存木香取得危害分析与关键控制点体系认证证书和质量管理体系认证证书。

2022 年云南双江存木香茶叶邦迈村基地2538 亩取得有机转换产品认证证书。

第二节 茶旅一体化胜地

2017年，中国茶叶流通协会授予双江自治县"全国最美茶乡"称号。果不其然，一踏上双江土地，就感受到旖旎的风光和阵阵茶香。举目可见绵延不断的茶园和甘蔗田，傣楼与凤尾竹、芭蕉、茶园浑然一体，勾勒出一幅幅南国茶乡景色。

一、独特的旅游景观

"草经冬而不枯，花非春亦不谢。"双江四季如春的气候非常适宜居住和旅游。大雪山的巍巍壮丽，仙人山的变幻莫测，南等水库的高峡平湖，双江渡口的险峻湍急，独特的自然景观，随处可见的茶海，宛如置身于人间天堂。

冰岛湖

雾海中的勐库东西半山

神奇的仙人山

二、多彩的民族风情

双江境内居住着23个少数民族，人口7.1万多人，占总人口的43.5%。各民族同生共荣，民族文化丰富多彩。20世纪90年代双江自治县被评为全国民族团结进步模范自治县，是名副其实的"中国多元民族文化之乡"。"布朗族蜂桶鼓舞"列入国家级非物质文化遗产保护名录，入围中国民间文艺山花奖；"佤族鸡枞陀螺""拉祜族七十二路打歌"列入省级非物质文化遗产保护名录。此外，傣族的象脚舞、佤族的木鼓舞、拉祜族的三弦舞各具特色；傣族的泼水节和开门节、关门节，拉祜族的"扩弄节"（农历春节）更具民族风情，名扬海内外。

傣族舞（2015年双江允俸忙孝村）

茶的博览园

好山好水出好茶，一芽二叶吐芳华。来到双江，可品茶香，斗茶艺，识茶趣，论茶道，深切感受到民族茶情，国风茶韵。

一、古茶园和古村寨

双江山地面积占96.6%，是茶叶的主要栽培区。山区地形复杂，茶园因地而建，有的茶园高悬山巅，使人错把茶姑当天仙；有的茶园倒挂崖壁，有如飞天绿屏；有的建于平坝，有如绿茵铺展；有的藏于山坳旮旯，使人有"柳暗花明又一村"的感觉，总之，高山、缓坡、梯地、平坝、盆地、河谷地等各种类型的茶园在双江都能尽收眼底。

冰岛茶园（2006 年）

小户寨茶林（2016 年）

双江村寨多是民族聚居，各按自己的民族特色，因势因地建造房舍，如傣族的楼宇像孔明的帽子，布朗族的吊脚楼如空中楼阁，拉祜族以葫芦作为图腾，佤族则以牛头和木鼓作为标识（木鼓是用白木梳树制的长形鼓，沧源等地木鼓佤语叫克罗克，寓意"生命靠水，兴旺靠木鼓"）。他们的共同特点是：房屋堂前必有一火塘，供煮饭、煨茶水、烤火用，火终年不息。当然，随着社会现代化，许多房屋已由钢筋水泥建筑替代，但在双江依旧保留着许多民族风格的古旧房舍。

二、神秘的大雪山

大雪山从景观上看是一片茂密的亚热带常绿阔叶林区，但一进入林中仿佛置身于植物王国，上了一堂植物学课：可见到错落有致的上、中、下三层植物群落结构，上层是木荷、多依、红椿、榕树等高大乔木树，间或有乔木野生茶树；中层有樟科、杜鹃科等植物，是野生茶树的主要分布区；下层为禾本科、茜草科、荨麻科以及蕨类、中药材、野菜等草本植物。其中可直接观察到野生茶树的形态特征和与茶树共生的植物，了解野生茶树的生态环境。

大雪山野生大茶树分布密度之大，世所罕见，几乎每隔5~10m就有一株树高10m以上的大茶树，至于3m以下的随处可见。在原始林中考察野生茶树，往往远处看到的树，到近处不一定能找到，或者已看过的树，折返后不一定能找到原株，这是因为原始森林内树木多，林冠参差不齐，枝叶遮天蔽日，方向难辨，有"移步换景"的感觉；二是野生茶树形态特征大体相似，容易混淆。所以一些专业的科学考察，需要画线路图，确定方位，做好标记。但不论什么考察调查，不可实施在树干上刻画、涂漆或系物等有损于茶树的做法。

不论是科研考察或游学，对大茶树的树龄都会很关注。目前茶树树龄没有科学准确的测定方法，死了的树可以锯板数年轮，活着的树一般是估算或者根据文字记载（如族谱）等来推算，亦可打洞用生长锥取出木条点数年轮，因对茶树损伤大，非必要不采用。最方便易行的是，测量胸径，点数年轮。据茶树样本测量，宽1cm的树干横断面一般有5~4个年轮（树木每年长一圈叫年轮），即一年树干长粗2~2.5mm，如果直径是1m的茶树，半径是50cm（年轮是同心圆），50×4＝200或50×5＝250，也就是有200或250个年轮，换句话说直径1m的茶树，树龄是200或250年。具体做法是先用尺测量树干周长（围径），再除以$2\pi R$（π是圆周率），得出半径R，R再乘以4或5，就得出树龄，如一茶树周长140cm，计算出半径R是22.3cm，22.3×4或×5，则树龄是89~112年。

三、独特的民族茶饮

少数民族虽然历史文化有别，生活习俗有所不同，但以茶待客，把茶看作养性健身和人际交往的礼品还都是一脉相承的。双江少数民族的特色茶饮，多是以勐库大叶茶鲜叶或晒青茶作原材料，再采用当地特色植物或配伍中药加工而成。有的风味独特，有的类似药膳，都是民族同胞的最爱。现择数例介绍于下。

（一）拉祜族雷响茶

又名罐罐茶、百抖茶。制时先把土陶罐烤热，再把晒青茶放在罐里，放火塘上边烤边抖，待茶叶烤到焦黄、茶香逸出时，加入开水，霎时有如雷响，故名。亦有把陶罐加开水时茶汤溢在火塘上发出的响声，称作雷响。雷响茶茶香浓郁，茶味浓酽，饮后提神益思。

拉祜族用土陶罐做雷响茶

（二）拉祜族丁香茶

属药膳茶，是拉祜人敬茶、用茶、祭茶最主要的茶饮。原料有晒青毛茶、丁香、芦子、野丁香花根、甘草、葛根、通管散等。取适量晒青毛茶，配以三粒丁香花和芦子拌炒，炒至茶叶、丁香、芦子起泡发黄，发出香味时，再放入土陶罐中加水煨煮，一分钟后放入丁香花根、甘草、葛根、通管散等中药材，稍煮片刻即可饮用。味苦回甘，串药香，具消食健胃、清火解毒之功效。

（三）佤族石板烤茶（瓦片烤茶）

又叫煨茶。在火塘上先将石板或瓦片（亦有用薄铁板）预热，把晒青茶放置于上，烘烤至茶叶焦黄散发出茶香时，取出用其他器具冲饮。有茶香和焦香，滋味苦涩有甘。佤族同胞嗜酒肉，饮后倍感醒酒去腻。

（四）佤族烧茶

取一撮晒青茶放在纸囊（袋）的对折处，置于火塘上微微烘烤，待茶梗在纸中发出沙沙声，茶叶成为黑色，茶香散发时，放入已预热的土陶罐中，注入沸水，然后将表层白沫和杂质撇去，再冲入水，浸泡片刻，即可饮用。此茶焦中带香，苦中有甘。

（五）佤族擂茶

将一芽二三叶制的绿茶放入陶土钵内，用竹或木制的擂棍不断舂捣，边舂边加入芝麻、花生仁、香草、黄花、香树叶等。待钵中物捣成泥状后取出，用捞瓢筛过滤，汤液加入水煮沸即可饮用。此茶"五味杂陈"，饮后开胃增欲，清脑益思。

亦有在擂好的茶叶中加入姜、桂、盐、葱后再烹煮饮用的。唐•樊绰《蛮书》"蒙舍蛮以椒姜桂和烹而饮之"，南宋•李石《续博物志》"杂椒盐烹而饮之"，这些很可能出自于擂茶。佤山人视擂茶最珍贵，凡喜庆节日、亲朋欢聚都以擂茶奉之。

（六）布朗族糊米香茶

先将土陶罐烤热，放入适量糯米烤黄，再放茶叶烤，冲入开水，最后放通管散、甜百解、姜片、扫把叶、红糖等，煮沸后即成。具有治感冒、解肺热燥结等作用。

布朗族茶艺表演

（七）布朗族酸茶

是一种腌茶。在五六月，将鲜叶煮熟或蒸熟，放在阴暗处十多天，让其发酵，然后放入预制的竹筒压紧封口，埋入土中，经数月（年）后取出食用，吃时亦可加入辣椒、盐，要细嚼慢咽。酸茶酸涩清香，开胃消食。

（八）傣族竹筒香茶

傣语称"腊踩"。将生长一年的新竹（香竹、金竹）砍后锯成一头开口、一头有节的筒，筒径5cm左右，长20-25cm。将一芽二三叶鲜叶杀青、稍加揉捻后趁热填入竹筒，边填边舂捣，直到筒内茶叶填满为止，再用竹叶封口，放在火塘上边烤边转动，待竹筒烤成金黄色，筒内茶叶烤干，剖开竹筒取出茶叶即可冲饮。有竹子的清香，茶的醇香，如用山泉水泡饮，更是甘洌润喉。

（九）傣族喃咪茶

将干毛茶熬煮烂，茶渣过滤后再将茶汤熬煮到浓稠状似茶酱，佐以辣子、葱、姜、盐巴、味精等调味品，用生菜、包菜、折耳根等蘸吃，别有风味。

致谢：

临沧市农业农村局江鸿健副局长、普洱市普洱茶研究院陶斯科研究员、云南农业大学王兴华教授等提供部分资料。一并致谢！

参考文献

[1] 虞富莲."云大"正宗勐库大叶茶.中国茶叶(2),1985.

[2] 双江茶叶办生物资源开发创新办公室.《茶叶志》(未出版),2005.

[3] 詹英佩.茶祖居住的地方—云南双江,昆明:云南科技出版社,2010.

[4] 中国科学院中国植物志编辑委员会.中国植物志(第49卷第3分册),北京:科学出版社,1998.

[5] 虞富莲.中国古茶树,昆明:云南科技出版社,2016.

[6] 孔德昌.云南省临沧市古茶树资源状况,昆明:云南科技出版社,2021.

[7] 郭红军.《云南近代茶史经眼录》,昆明:云南大学出版社,2022.

虞富莲

吴涯

邓少春

主 编

北回归线上的绿宝石

BEIHUIGUIXIAN SHANG DE LÜBAOSHI
—— MENGKU DAYECHA

勐库大叶茶

YNK 云南科技出版社

寨中有茶
茶中有寨

丰富的种质资源
优良的栽培品种

布朗族
（朴子蛮）
云南最早种茶
的民族

位于北回归线 太阳转身的地方
全国茶叶专业示范村

图书在版编目（CIP）数据

北回归线上的绿宝石 : 勐库大叶茶 / 虞富莲，吴涯，
邓少春主编 . -- 昆明 : 云南科技出版社，2024.6
　ISBN 978-7-5587-5538-5

　Ⅰ .①北… Ⅱ .①虞… ②吴… ③邓… Ⅲ .①茶文化
－双江拉祜族佤族布朗族傣族自治县 Ⅳ .① TS971.21

　中国国家版本馆 CIP 数据核字 (2024) 第 053676 号

北回归线上的绿宝石—— 勐库大叶茶
BEIHUIGUIXIAN SHANG DE LÜBAOSHI —— MENGKU DAYECHA

虞富莲　吴　涯　邓少春　主编

出 版 人：温　翔
责任编辑：邓玉婷　龙　飞　张翟贤
整体设计：长策文化
插画绘制：丁　骥
责任校对：秦永红
责任印制：蒋丽芬

书　　号：ISBN 978-7-5587-5538-5
印　　刷：昆明亮彩印务有限公司
开　　本：889mm×1194mm　1/16
印　　张：10.75
字　　数：270千字
版　　次：2024年6月第1版
印　　次：2024年6月第1次印刷
定　　价：88.00元

出版发行：云南科技出版社
地　　址：昆明市环城西路609号
电　　话：0871-64190978

北回归线上的绿宝石

BEIHUIGUIXIAN SHANG DE LÜBAOSHI
—— MENGKU DAYECHA

勐库大叶茶

虞富莲　吴　涯　邓少春 ◎主编

云南科技出版社

·昆明·